· 超级思维训练营系列丛书 ·

诡辩思维的陷阱

GUIBIAN SIWEI DE XIANJING

田永强 ◎ 编著

给思维插上翅膀 ──☆── 为诡辩提升技巧

中国出版集团 现代出版社

图书在版编目(CIP)数据

诡辩思维的陷阱 / 田永强编著. —北京:现代出版社,
2012.12(2021.8 重印)

(超级思维训练营)

ISBN 978 - 7 - 5143 - 1000 - 9

Ⅰ.①诡… Ⅱ.①田… Ⅲ.①思维训练 - 青年读物②思维
训练 - 少年读物 Ⅳ.①B80 - 49

中国版本图书馆 CIP 数据核字(2012)第 275908 号

作　　者	田永强
责任编辑	刘春荣
出版发行	现代出版社
通讯地址	北京市安定门外安华里 504 号
邮政编码	100011
电　　话	010 - 64267325　64245264(传真)
网　　址	www.xdcbs.com
电子邮箱	xiandai@ cnpitc. com. cn
印　　刷	北京兴星伟业印刷有限公司
开　　本	700mm × 1000mm　1/16
印　　张	10
版　　次	2012 年 12 月第 1 版　2021 年 8 月第 3 次印刷
书　　号	ISBN 978 - 7 - 5143 - 1000 - 9
定　　价	29.80 元

前　言

　　每个孩子的心中都有一座快乐的城堡,每座城堡都需要借助思维来筑造。一套包含多项思维内容的经典图书,无疑是送给孩子最特别的礼物。武装好自己的头脑,穿过一个个巧设的智力暗礁,跨越一个个障碍,在这场思维竞技中,胜利属于思维敏捷的人。

　　思维具有非凡的魔力,只要你学会运用它,你也可以像爱因斯坦一样聪明和有创造力。美国宇航局大门的铭石上写着一句话:"只要你敢想,就能实现。"世界上绝大多数人都拥有一定的创新天赋,但许多人盲从于习惯,盲从于权威,不愿与众不同,不敢标新立异。从本质上来说,思维不是在获得知识和技能之上再单独培养的一种东西,而是与学生学习知识和技能的过程紧密联系并逐步提高的一种能力。古人曾经说过:"授人以鱼,不如授人以渔。"如果每位教师在每一节课上都能把思维训练作为一个过程性的目标去追求,那么,当学生毕业若干年后,他们也许会忘掉曾经学过的某个概念或某个具体问题的解决方法,但是作为过程的思维教学却能使他们牢牢记住如何去思考问题,如何去解决问题。而且更重要的是,学生在解决问题能力上所获得的发展,能帮助他们通过调查,探索而重构出曾经学过的方法,甚至想出新的方法。

　　本丛书介绍的创造性思维与推理故事,以多种形式充分调动读者的思维活性,达到触类旁通、快乐学习的目的。本丛书的阅读对象是广大的中小学教师,兼顾家长和学生。为此,本书在篇章结构的安排上力求体现出科学性和系统性,同时采用一些引人入胜的标题,使读者一看到这样的题目就产生去读、去了解其中思维细节的欲望。在思维故事的讲述时,本丛书也尽量使用浅显、生动的语言,让读者体会到它的重要性、可操作性和实用性;以通俗的语言,生动的故事,为我们深度解读思维训练的细节。最后,衷心希望本丛书能让孩子们在知识的世界里快乐地翱翔,帮助他们健康快乐地成长!

目　录

第一章　你来我往

诡辩思维的陷阱

第二章　你上我下

第三章　此起彼伏

第一章　你来我往

马竟然输给了蜗牛

我们都知道,蜗牛和马不是同级别的,那么看看这个故事可就非常有趣了。

某日,一匹马和一只蜗牛碰面了,马讥笑蜗牛跑得慢,让它靠边站。

蜗牛说:"那我们就来比一比,要是你跑得快,我愿意死在你脚下;要是我跑得快,呵呵,你就给我去死吧!"

于是它们约定第二天比赛,谁先跑到 5000 米的地方谁就赢,然后各自回家了。马很自信,早早地睡觉了,而蜗牛没有睡觉,它把自己的成员都叫来,正好有 5 只,大家商量着对策,要给以大欺小的马点颜色看看。大家你一句我一句,终于想到了一个好办法。

第二天,马和蜗牛来到约定地点,马骄傲地说:"现在放弃还来得及。"

蜗牛说:"我不放弃。"

于是蜗牛和马开始了比赛,马跑了长长的一段路,正得意地想着这次蜗牛该心服口服了吧!没料到,一只蜗牛在他前面爬着呢,马怎么也想不明白,又加快了跑的速度,这次总该落下很多了吧。看看后面连蜗牛的影子也没有,一往前看怎么蜗牛又在前面?就这样马终于到了终点,没想到蜗牛却在前面得意扬扬地等着呢。

"蜗牛竟然比我跑得快?!"马无力地瘫倒了下去。

这时蜗牛笑着说:"跑步不但要用体力,还要用脑子,以后不要欺负我们小了,我们就可以把你当成朋友。"

同学们,你们知道蜗牛为什么跑得那么快吗?

答案:让我悄悄地告诉你,因为它叫自己的成员每隔1000米就藏一只。

诡辩的艺术:这个诡辩其实是把马追上蜗牛的这段时间无限地细分,分成无限的时间段,给人以时间无限的错觉,掩盖了细分时间段的细节。

因为蜗牛走过的路程都需要时间,马所追寻的也就是蜗牛的路程,它也需要跑过蜗牛所用的时间,所以,蜗牛永远在前。这是关于时间的哲学问题,貌似和数学之类的没什么关系。

也就是说,只要蜗牛提前出发,那么它在时间上永远在马的前面。

两个物体,位置相同,A向某方向移动一段时间,B接着也开始朝着相同方向移动,此时A停止,那么在A停止的这个位置,将是这个宇宙中唯一的,它被时间和空间这两个坐标所确定,除非在相同的时间和它处在相同的地点,否则B永远在时间上落后于A,即使B到达A停止的位置,A停在这个位置的那个瞬间也已经过去了,永远不会被赶上或者超过!

鱼是快乐的

庄周和惠施是两大辩论高手,他们来到濠水岸边散步。

庄子随口说道:"河里那些鱼儿游动得从容自在,它们真是快乐啊!"

一旁惠施问道："你不是鱼,怎么会知道鱼的快乐呢?"

庄子回答说："你不是我,怎么知道我不了解鱼的快乐?"

惠施又问道："我不是你,自然不了解你;但你也不是鱼,一定也是不能了解鱼的快乐的!"

庄子安闲地回答道："请回到一开始的话题,刚才你问我说:'你是怎么知道鱼是快乐的?'既然你问我鱼为什么是快乐的,这就说明你已经承认我是知道鱼是快乐的,这才问我的。那么我站在濠水的岸边就能知道鱼是快乐的。"

同学们,到底谁快乐? 从两位辩论高手的对话你学到了什么?

答案:庄子与惠子,由于性格的差异导致了不同的基本立场,进而导致两种对立的思路:一个超然物外,但又返回事物本身来观赏其美;一个走向独我论,即每个人无论如何不会知道第三者的心灵状态。

诡辩艺术:看看两位辩论高手对话,同游于濠水的一座桥梁之上,俯看鲦鱼自由自在地游来游去,因而引起联想,展开一场人能否知鱼之乐的辩论。其题虽小,而其旨甚大。

二人一句接着一句,采用以子之矛攻子之盾的方法,顶针式地把这场辩论深化。庄周肯定人能知鱼之乐,惠施则否定人能知鱼之乐。

且不说辩论双方谁是谁非,仅二人在辩论中所反映出来的敏捷的思路,就使人应接不暇;睿智的谈锋,令人拍案叫绝;丰富的奇想,更能启人遐思。他们二人的辩论,虽不会语惊四座,却也洋溢着深厚的南华神理、妙趣横生的思辨力量和浓郁的抒情色彩,而使文章起到移情益智的作用。

"濠梁之辩"的绝妙之处,除了它的雄辩之外,还在于它具有无穷的韵味。辩论的双方都紧扣主题,但辩者的思维方式却截然不同,因而辩论的结果也就很难判断出谁是谁非。

惠施是从认知规律上来说,人和鱼是两种不同的生物,鱼不可能有人的喜怒哀乐;庄周则从艺术规律上来说,人乐,鱼亦乐。

从认知规律上说,庄周的逻辑推理纯粹是玩弄诡辩。他根据相对主义的理论,不仅完全泯灭了人和鱼不同质的差别和界限,而且把惠施的发问作为辩论的前提。"子曰'汝安知鱼乐'云者,既已知吾知之而问我,我知之濠上也。"施展诡辩到了强词夺理的地步。

庄周的诡辩却并不使人反感,因为庄周完全是以艺术心态去看待世界的。人乐鱼亦乐,这是典型的"移情"作用。

移情,是把自己的情感移到外界事物身上,仿佛觉得外界事物也有同样的情感。自己高兴时,大地山河都在扬眉带笑;自己悲伤时,风云花鸟都在叹气凝愁。惜别则蜡烛垂泪,兴到则青山点头,柳絮有时轻狂,晚风有时清苦。

这些和庄子人乐鱼亦乐的情境是相仿的,也是符合艺术规律的。鱼当然不可能有喜怒哀乐,但庄周把自己游濠梁之上的快乐,移栽到出游的鱼身上,反过来更加衬托出庄周的快乐。

可见,这样不但不会使人感到庄子是在狡辩、强词夺理,相反倒觉得庄周说得妙趣横生,使人读后感到融融快乐、趣味盎然。

庄子对于外界的认识,常带着观赏的态度。他往往将主观的情意发挥到外界事物上,而产生移情同感的作用。

惠子则不同,他只站在分析的立场,来分析事理意义下的实在性。因此,他会很自然地怀疑到庄子的所谓"真"。

两位高手的辩论,如果从认知活动方面来看,两人的论说从未碰头;如果从观赏一件事物的美、悦、情这方面来看,则两人所说的也不相干。而只在不同的立场与境界上,一个有所断言——"知道鱼是快乐的",一个有所怀疑——"你既然不是鱼,那么你不知道鱼的快乐,是很显然的!"

他们两个人在认知的态度上,存在显著的不同。

庄子偏于美学上的观赏,惠子着重知识论的判断。

认知态度的不同取决于他们性格上的相异:庄子具有艺术家的风貌,

惠子则带有逻辑学家的个性。

思维小故事

丁知县审鹅

　　永嘉县新上任的丁知县,性情刚直,为官清正,办事认真。

　　一日,丁知县坐在大堂批阅诉状,突然门口传来一阵争吵声。他抬头一看,见一个后生和一个乡下人拼死命争夺着一只大白鹅,边骂边走进公堂来。

丁知县喝问道："你们二人为何在此大吵大闹？"

那个后生抢先说："老爷在上，我住在东门城门头，早上拿米糠在门口喂鹅，这个乡下佬趁我转身进屋的时候，捉走我的大白鹅，被我逮住了，还不肯还我，请老爷为小民做主。"

丁知县问乡下人："后生说你偷了他的鹅，这事是真的吗？"

乡下人涨红着脸，气呼呼地说："老爷，这只鹅明明是我从楠溪带到城里给丈人的。我刚从舴艋船上岸，这无赖就过来，硬逼我把鹅卖给他。我不卖，他就抢，还诬告我偷他的鹅。小人讲的句句是真话，求老爷明断。"

丁知县问他们有没有旁人可以作证，二人都说没有。

"没有？"丁知县想了想说，"既然没有旁人作证，那就叫鹅自己讲吧！"他叫差役拿来一张大白纸，摊在大堂上，把鹅放在纸上，盖上箩筐，吩咐两人在旁等候公断。

一会儿，鹅在箩筐下面"扑棱"了几下翅膀。丁知县听见响声，忙叫差役揭开箩筐，看看鹅到底画了什么字。

差役不懂得丁知县说话的意思，揭开箩筐看了一看，就禀告说："鹅什么字也没画呀，只拉了一堆屎。"

丁知县皱起眉头，说道："你们当差多年了，还真糊涂，快再去仔细看来。"

差役不敢怠慢，捂住鼻子，凑近鹅屎细细辨认。看了半日，还是没看出名堂来，只好硬着头皮回禀丁知县说："老爷，纸上只有一堆青绿色的鹅屎，奴才实在看不出有什么字。"

丁知县指着大白鹅对乡下人说："鹅自己招认是你的，你把它带走吧。"又转身问那后生说："你服不服本官的判决？"后生还硬说鹅是自己的。

知县大怒，一拍惊堂木，大声喝道："大胆刁民，竟敢在本官面前耍花招。你年纪这么轻,就欺负乡下人。来人呀,给我拉下去重打二十大板!"

为什么丁知县说鹅自己招认是属于乡下人的呢?

参考答案

鹅是边吃边拉的,乡下人拔青草喂鹅,它拉的屎是绿色的;如果用米糠喂,它拉的屎是黄色的,所以这只鹅是乡下人的。

有颜色的马不是马

战国时期,有一天,公孙龙牵着一匹白马准备出关。

可是当时不让马出城,守城的士兵就把他拦住了。

公孙龙便用"白马非马"的观点与之辩论,守关的士兵争辩不过他,就让他牵着马出关去了。

不过,"白马非马"论提出后,经常有人找公孙龙辩论。

一天,有位远道而来的客人来拜访。寒暄过后,主客之间也是就"白马非马"论展开了一场争论。

客人说:"我不明白,您怎么可以说'白马非马'呢?"

公孙龙说:"这句话听起来违背常理,实际上却很有道理。你仔细想一想:'马'这个词是用来称呼这件东西的形体的,'白'这个词是称呼它的颜色的。不能用白称呼马的形体,也不能用马表示它的颜色。说白马只是指白马,而不是指马,并没有说明马究竟是什么样的东西,所以说'白马非马'并没有错。"

客人还是不明白,他又问:"谁不知道有白马就是有马。既然如此,为什么加上白字的白马就不是马了呢?"

"这样说吧,如果要你牵一匹马来,牵来黄马、黑马都可以;如果要你牵一匹白马来,牵黄马、黑马就不可以了。如果白马是马,既然要牵的是马,则不论是黄的、黑的、白的,没有区别。现在单要白色的,却只有白马可以。你有黄马、黑马,都可以说是有'马',绝不可以说是有白马。白马不是马,这太清楚不过了!"

"您认为有了颜色就不是马,而天下又没有不带颜色的马,那么可以说天下没有马吗?"

"马当然有颜色,所以才有白马。要是马都无颜色,只是马而已;那还到哪里去牵白马? 所以白色并不是马所固有的。白马,就是马加上白色,或者说白色加在马上,白马就不是马。"

同学们,"白马非马"的争论你得到什么启示?

答案:"非马"争论的关键是对"马"和"白马"的内涵与外延的认识。某一概念的内涵确定了,其外延才能相应被确定。

内涵——概念的质,说明概念所反映的对象如何。白马的内涵反映的是马的本质。

外延——概念的量,说明概念所反映的对象有哪些,白马的外延是颜色。

概念的内涵和外延是相互依存、相互制约的。公孙龙的错误在于颠倒了内涵和外延的关系,他认为白马的内涵是指一种颜色,而马指的是形态,形态不等于颜色,所以白马不是马。用事物概念的基本物质分析一下白马的内涵和外延,就不难看出公孙龙的争辩只是一种诡辩了。

诡辩艺术:上面的辩论可分为三点。

第一点:"马者,所以命形也;白者,所以命色也;命色者非命形也,故曰:白马非马。"(《公孙龙子·白马论》)——就马之名及白之名的内涵说。

马之名的内涵，即马的形；白之名的内涵，即一种颜色。白马之名的内涵，即马的形和颜色。此三名的内涵各不相同。所以"白马非马"。

第二点："求马，黄黑马皆可致。求白马，黄黑马不可致……故黄黑马一也，而可以应有马，而不可以应有白马，是白马之非马审矣。"

"马者，无去取于色，故黄黑皆所以应。白马者有去取于色，黄黑马皆所以色去，故惟白马独可以应耳。无去者，非有去也。故曰：白马非马。"（同上）——就马之名及白马之名的外延说。

马之名的外延包括一切马；白马之名的外延则只包括白马。"马"对于颜色，没有肯定也没有否定，所以如果我们仅只要"马"，黄马、黑马都可以满足我们的需要。

但是"白马"是对于颜色有所肯定、有所否定的，所以如果我们要白马，那就只有白马可以满足我们的需要，黄马、黑马都不能了。对于颜色无所肯定、否定的，跟对于颜色有所肯定、否定的，是不同的，所以白马非马。

第三点："马固有色，故有白马。使马无色，有马如已耳。安取白马？故白者，非马也。白马者，马与白也，马与白非马也。故曰：白马非马也。"（同上）这是就马这个一般、白这个一般、白马这个一般说明它们的不同。马这个一般只是一切马所共有的性质，其中并没有颜色的性质。马就只是马，如此而已。白马的一般是一切马所共有的性质又加上白的性质，所以白马非马。

不但白马非马，而且白马亦非白。"白者，不定所白，忘之而可也。白马者，言白定所白也。定所白者，非白也。"（同上）

此白物或彼白物所表现的白，是"定所白"的白。"定"是固定的意思。此白物所表现的白，固定在此物上面，彼白物所表现的白，固定在彼物上面，白这个一般，也可以说是"白如（而）已耳"，不固定在任何东西上面，它是"不定所白"的白。"不定所白"的白不为一般人所注意；这于其

诡辩思维的陷阱

— 9 —

日常生活并无影响,所以说"忘之而可也"。

然"定所白"的白,是具体的、个别的白,不是一般的、抽象的"不定所白"的白。白马的白,是"定所白"的白,"定所白者非白也",所以白马非白。

拓展:"非马"是公孙龙的一个有名的辩论。据说公孙龙曾与孔丘的七代孙孔穿,就这个问题进行辩论。

公孙龙举了一个孔丘的故事。

楚王遗失了一张弓,他左右的人请孔丘设法寻找,他说:"楚人遗弓,楚人得之,又何求焉?"

孔丘批评楚王说:"楚王仁义而未遂也,亦曰人亡弓,人得之而已,何必楚?"

公孙龙说:由此可见,孔丘"异楚人于所谓人"。

如果孔丘的话是对的,我"异白马于所谓马"的辩论也是对的。孔穿不能回答公孙龙的话。

在另一天,孔穿又和公孙龙辩论。

孔穿说:"异楚王之所谓楚,非异楚王之所谓人也……凡言人者,总谓人也。亦犹言马者,总谓马也。楚自国也;白自色也。欲广其人,宜在去楚;欲正名色,不宜去白。诚察此理,则公孙之辩破矣。"

公孙龙与孔穿的这个辩论的第一段见《公孙龙子·迹府》篇。第二段只见《孔丛子·公孙龙》篇。《孔丛子》是伪书,所说未必是历史的事实。但是所记的孔穿的话,在逻辑学上是很有意义的。他是对"白马是马"这个命题做外延的解释。照这样的解释,这个命题是可以这样提的。

公孙龙是对于这个命题做内涵的解释。照这样的解释,这个命题是不可这样提的。孔穿并没有完全破了公孙龙的辩论,但是他的话确实有逻辑学上的价值。

透视:公孙龙的《白马论》的基本论点。从这些论点中可以看出,公孙龙的确看到了一个命题中主语和述语的矛盾对立的方面,看到了一般和个别的差别。但是他仅仅停留在这一点上,并且把这一方面片面地夸大,因而否认了一般和个别的统一的方面,相互联系的方面。

如果一般和个别是相互对立的,一般也可以脱离个别而存在,一般可以不必包括个别,个别也可以不必列入一般。这就是公孙龙所说的"故可以为有马者,独以马为有马耳,非有白马为有马"。这样《白马论》,就割裂了一个命题中主语和述语的联系。

从这种形而上学的思想出发,势必将一般看成是独立自存的实体,其结果导致了客观唯心主义。"白马非马"这个命题,本来是从对于辩证法的一定的认识出发的,可是,结果转化为辩证法的对立面。

思维小故事

练功密室奇案

罗斯男爵是个地道的英国绅士,作为一个有着深厚基督教文化教养的欧洲人却十分崇尚东方文化。罗斯年轻时到过亚洲,在印度住过一段时间,还在那里学会了瑜伽。回到英国后,他继续修炼瑜伽,为此买下了一座旧健身房,把它改造成练功的场所。罗斯男爵性格内向,又非常虔诚,常把自己反锁在健身房里苦练瑜伽。他在房里备了食物,往往一两个星期才出来一次。

罗斯从印度带回 4 个印度人,雇用他们是为了与他们一同研究瑜伽,把瑜伽介绍到西方来。

这一天,4 个印度人急急忙忙赶到男爵家,向男爵夫人报告:"不好

了！罗斯爵爷饿死了！"男爵夫人赶到练功房一看，只见男爵僵卧在一张床上，他准备的食物竟原封不动地放在那儿。两个星期之前，男爵把自己反锁在这里，准备的食物足足可以维持半个月以上，但他怎么会饿死呢？

　　警察赶来检查了健身房。这是一座坚固的石头房子，门非常结实，又确实是从里面锁上的，并没有被人打开过门锁的任何迹象。室内地面离屋顶有 15 米左右，在床上方的屋顶上有一个四方形的天窗，但窗是用粗铁条拦住的，即使卸下玻璃窗，再瘦小的人也不可能从这里钻进去。也就是说，这座健身房是一间完全与世隔绝的密室。警察传讯了 4 个印度人，因为"首先发现犯罪现场的人"往往最值得怀疑。但 4 个印度人异口同声地说："爵爷为了能独自练功，下令不许任何人去打扰他。整整两个星期，我们都没到这儿来过一次。后来，我们不放心，才相约来看望他，敲了半天门没有动静，从窗缝往里看，才发现爵爷直挺挺地躺在床上……"

警察检查了食物,没发现有任何毒物。因为是冬天,食物也没变质,房里也没发现任何凶器。于是,警察就想以罗斯绝食自杀来了结此案。但是,罗斯夫人对此表示不满,亲自拜访了福尔摩斯,请他出场重新侦查此案。

福尔摩斯对现场进行了详尽的侦查,最后从蒙着薄薄一层灰尘的地板上发现:铁床4个床脚都有挪位的迹象。

于是他问:"夫人,您先生是不是患有高空恐惧症?"

罗斯夫人回答:"他一站到高处就头晕目眩,两腿发软不敢动,这个毛病从小就有……"

"原来如此,那案子可以迎刃而解了。"福尔摩斯立即要求警方逮捕那4个印度人。警方逮捕了4个印度人,他们供认了谋害罗斯男爵、企图夺取罗斯财产后逃回印度的罪行。令人惊叹的是,他们供认的作案细节,竟和福尔摩斯的推理几乎完全一致。

福尔摩斯的助手华生问福尔摩斯:"您是凭什么做出这个判断的?"

是啊,福尔摩斯是怎样做出这样一个判断的呢?

参考答案

那4个印度人趁罗斯熟睡时,从屋顶垂下带钩子的绳子,把罗斯连人带床吊到半空中,罗斯因为有恐高症,所以吓瘫了,饿死了。

不速之客

从前有个男士,名叫海尔丁。

一天,他来到一家旅馆住了下来,便给服务员打了个电话,请他送份报纸和一杯咖啡来。

不一会儿,就有人来敲门。"早上好,先生。这是你的早餐。"一位服务员站在门口。

"可我没要早餐呀!"海尔丁说,"你大概弄错了,我只要了一杯咖啡。这儿是321号房间。"

"噢,对不起,应该是327号。打扰了,真对不起。"服务员关上门走了。

不一会儿,又是敲门声。

"请进!"海尔丁想,这回该是我的咖啡来了。

一个男人走了进来,"噢,你在这儿干什么?"

"什么?"海尔丁有些气愤,"你怎么在我房间里这样说话? 你是谁?"

那个男人也不甘示弱,"你在我房间里干什么? 你怎么进来的?"

"这是我的房间,"海尔丁说道,"321号。"

"321号?"那男的看了看门牌,"天哪,我真的不知该说什么好,我弄错了,真抱歉。"

"没关系。"海尔丁等他出去,关上了门。

又有人敲门。

"请进!"

进来的是个女服务员,说道,"早上好,先生! 这是你要的咖啡和报纸。"

正在这时,只听门外有人在喊,"我的钻石项链丢了!"

海尔丁转身马上冲出门去,大叫,"快,抓住那个人!"

同学们,你知道海尔丁要抓谁吗? 为什么? 请你来解答。

答案:第一个敲门的服务员一定是犯罪嫌疑人。

诡辩艺术:一、海尔丁确实给真正身份的服务员打了个电话、送份报纸和一杯咖啡，而且也是真正身份的服务员接到了电话。

二、第一个来敲门的服务员是假的，假服务员是为了拆下321号房的门牌改装上327号房的门牌才发出了类似敲门的声音，而假服务员送的早餐只是道具，以防321号房内有人而准备的谎言道具。

三、327号房的男主人误入321号房，不是因为他看错房号，而是由于前面服务员的偷天换日造成的必然结果。从那男人进门的第一句话就以质问的口吻说话可以看出端倪，只有在基本上自信自己是真的情况下，才更有可能以如此强硬的言语说话……

而且还可以以此排除那男人的嫌疑，如果他是没有计划的小偷，那他不可能有如此底气；如果他是有计划的小偷，就不可能节外生枝跑错房间。

四、最后的女服务员是真的，如果最后来的女服务员是小偷，那么她得手以后不可能还会以送咖啡隐藏行踪，而且以题目的用词可知，"正在这时"也就是说如果女服务员是小偷，那么她就在海尔丁的面前，他就不可能说出"快，抓住那个人！"而应该说"快，抓住这个人！"

最后的女服务员送对了咖啡到321号房，是因为真正的服务员已经熟悉了自己的旅馆，可以不看门牌径直找到正确的房间，以此也可以反映出最后的女服务员是真实身份。

五、海尔丁从题目描述可知，他一直都在房间内，因此他没有作案的可能性。

六、丢钻石项链者说谎的可能性不大，因为海尔丁所遇到的事情太过于巧合与不正常……但也不能完全排除受害者撒谎的可能性。

故事中所出现的人物有：假服务员、327房男主人、女服务员、海尔丁、丢钻石项链者5个人之中，按设计这道推理题的人的思路来看，受害者一定丢了钻石项链，而且罪犯也限定在了这4个人之中，虽然现实情况下不排除还有外界人员作案和受害者出于某种原因而撒谎的可能性。

诡辩思维的陷阱

由此推断,第一个敲门的服务员一定是罪犯。

让 箭 飞

芝诺是位数学家,一次他问自己的学生:"一支射出的箭是动的还是不动的?"

"那还用说,当然是动的。"

"确实是这样,在每个人的眼里它都是动的。可是,这支箭在每一个瞬间里都有它的位置吗?"

"有的,老师。"

"在这一瞬间里,它占据的空间和它的体积一样吗?"

"有确定的位置,又占据着和自身体积一样大小的空间。"

"那么,在这一瞬间里,这支箭是动的,还是不动的?"

"不动的,老师。"

"这一瞬间是不动的,那么其他瞬间呢?"

"也是不动的,老师。"

"所以,射出去的箭怎么会动呢?"

诡辩艺术:"飞矢不动",即飞着的箭在任何瞬间都是既非静止又非运动的。如果瞬间是不可分的,箭就不可能运动,因为如果它动了,瞬间就立即是可以分的了。

但是时间是由瞬间组成的,如果箭在任何瞬间都是不动的,则箭总是保持静止。所以飞出的箭不能处于运动状态。

首先我们感觉一个物体动还是不动,主要是因为选择的"参照物"有关,飞箭动还是不动,与参照物有关系,这个我们可以切身体验到。

如果有两支同样的箭以同样的速度朝同方向飞出去，那么一支箭相对于另外一支箭，它就是没有动的。也就是说，如果我们站在一支箭上观看另一支箭，就是不动的，所以说"飞矢不动"并没有完全错。

可能一个物体以某种速度运动，就是持续地占据变换不同的空间，而另外一个物体能够在相对应的时刻保持同这个物体的距离不变，这两个物体相互作为参照物就是不动的。

飞矢悖论是从时间的可分为出发点，否则他不会问他的学生箭在某一瞬间处于某位置是相对静止的。但是他没有意识到时间的连续性，时间的不可分性，也即是时间不可分割。

时间若能分，就没有瞬间的概念了，那可就真的可以长生不老了；所以箭在某一位置时按时间段（瞬间）来说是一致的，即静止。但在任何一个位置时，时间是不一样的。

一支箭在空中运行了 3600 秒，从 0 秒开始计时，每一秒看作一个瞬间，那么我们依照悖论得出，箭在每一秒来说相对我们都是静止，但是箭在任一位置时所处的时间是不一样的，如在第 30 秒和第 31 秒等等，虽然按瞬间都是一秒，但是可以看出，在不同位置时，时间已经发生累积，所以可以看作飞矢的运动是等同于时间的累积。

思维小故事

圣　诞　节

汉克是一家大公司财务主管哈奇的助手。一天中午，汉克同往常一样准时走进了位于 19 楼的哈奇办公室。当他推门进去一看，哈奇正吊在屋内的房梁上。他急忙去解绳子，发现哈奇已经死亡多时。

汉克马上跑到秘书办公室，通知秘书埃米莉小姐，告诉他哈奇出事了。

埃米莉听完，立刻拿起电话："格兰杰先生，我是埃米莉，您能到 19 楼来一下吗？出事了！"她放下电话，自言自语地说道："这可真是太可怕了，还有两天就到圣诞节了，怎么能出这种事呢！"

一会儿，总经理格兰杰来到了哈奇的办公室，见自己的下属上吊自杀了，不禁十分悲伤，他马上让赶到现场的公司人员清理现场，同时，让秘书埃米莉通知哈奇的家人，并马上报案。

一直忙到下午 5 点，埃米莉提醒格兰杰："格兰杰先生，楼上还有一个圣诞聚会呢，是您已经安排好了的！"

格兰杰恍然大悟说道："对对对，我差点忘了 20 楼还有一个聚会呢！"

带着一身疲惫，格兰杰来到 20 楼，推开了他的私人会议室门，房间里此时已有一些员工等在那里了，房间的角落里有一棵圣诞树，树下放着花花绿绿的礼物。因为出了事，屋里的气氛有些沉闷。为了缓和一下气氛，格兰杰开始为大伙分发礼物。从秘书到副总经理，全公司每个人都收到了一份礼物。

聚会很快就结束了，大家一个挨着一个地走出了会议室。汉克是最后一个走出会议室的，他狐疑地看了一眼圣诞树下空空的地板，心中疑窦丛生。猛然间，他眼前一亮："哈奇决不是自杀！"

他马上下楼找到了警察，把自己的判断说了出来。警察根据他的判断，很快抓到了凶手。汉克是如何发现凶手的呢？

参考答案

汉克发现，公司总经理格兰杰来到 19 楼哈奇的办公室，知道哈奇死了。可他来到 20 楼的会议室分发礼物，却独独没有哈奇的礼物，如果他不知道哈奇出事，那么，全公司人人都有礼物，也必然应有哈奇的礼物。由此可以判定，格兰杰是凶手，他当然没有必要为哈奇准备礼物了。

你想学什么

曾经有个青年人，来到大西洋的一个小岛上，去找隐居在那里的一位哲学家。

见面后，青年人说明了来意——想学些深奥的知识。不料这位哲学家是位诡辩大师,几句话就把那青年人弄得糊里糊涂。

哲学家:"你是想学知识的?"

青年人:"是的。"

哲学家:"你已经知道的东西,是你想学的吗?"

青年人:"不,我不想学已经知道的东西。"

哲学家:"那么,你是想学你不知道的东西了?"

青年人:"是的,我想学我所不知道的东西。"

哲学家:"如果你根本不知道有马,你能想到要学习关于马的知识吗?"

青年人:"不,不可能想学关于马的知识,因为我根本不知道有马。"

哲学家:"啊,我是知道有马的,人世间确实有马这种动物存在。"

哲学家:"且慢,我问你什么,你回答我什么,你不要岔到其他地方去。让我再问你,如果你不知道百慕大三角海域中有一座神秘的小岛,你能想到要去学习关于这个小岛的知识吗?"

青年人:"不会想去学习关于我根本不知道的小岛的知识。"

哲学家:"在太阳系小星带有一颗外星人发射的'外星人造小行星',这颗小行星你当然不知道。你能想到要学习关于这颗小行星的知识吗?"

青年人:"不,不可能想要学习关于它的知识。"

哲学家:"那么,你不知道的东西,也不是你想学习的东西?"

青年人:"是的。"

哲学家:"你刚才说,你已经知道的东西,不是你想学习的东西;现在你又说,你不知道的东西,也不是你想学的东西;而事物总不外乎是你已经知道的东西,或者是你还不知道的东西;所以,没有什么东西是你想学习的了。"

青年人:"是这样的吧?!"

哲学家："如果没有什么东西是你想学习的,那么,你来到这里又是为了什么呢?"

经过哲学家这番诡辩,青年人似乎也搞不清楚他究竟是为了什么而来的了。

同学们,这位哲学家不愧为偷换概念的魔术师。那么,他是用什么"魔术",把一个向他求知识的青年人诱入其设下的陷阱而不能自拔的呢? 你能帮他分析一下吗?

诡辩艺术:让我们略做分析。从哲学家开头提出的三问和青年做出的三答可以看出,他们最初讨论的问题是:你是否想学习,关于你已知其存在的事物的知识?

这大问题又包含两个小问题:

①你已知某事物存在,而且你已经掌握了关于这个事物的知识,你是否还想学习?

②你已知某事物存在,但你尚未掌握关于这个事物的知识,你是否想学习?

对前一个问题,青年人的回答是否定的,对后一个问题,青年人的回答是肯定的。

对话中,两个人所使用的"东西"一词,表达的都是"知识"的概念。这哲学家紧接着又以 3 个假设句的形式,提出了另外一个问题——你是否想学习关于你尚不知其存在的事物的知识? 这就偷换了原来讨论的问题。青年人对于这个问题做了否定的回答。

哲学家又问,"那么,你不知道的东西,也不是你想学习的东西了?"这又偷换了概念。

本来"东西"一词,在前面是表达"知识"的概念,而在这里,哲学家把它偷换为表达"事物"的概念。青年人没有洞察到,被上面接连的 3 个问句弄懵了,结果上了当,做出了肯定的回答。

接着哲学家又在"东西"这同一个语词形式内糅进"知识"和"事物"两个不同概念。

青年人不得不违背初衷地接受他得出的"没有什么东西是你想学习的"结论。这位青年人就这样被哲学家弄得昏头昏脑,自己也不明白是怎么一回事。

思维小故事

不翼而飞的王冠

古董收藏家史密斯的家里来了一个电话。

"是史密斯先生吗?"

"是我,您是哪一位?"

"我是大盗巴特勒。"

史密斯的脸痛苦地抽动着。

"又是恶作剧瞎打电话吧?要是没事我就挂电话了。"

"别、别挂,我不是恶作剧。跟你实话实说吧,我是看上了您珍藏的那个埃及王冠。"

史密斯的脸刷地变得苍白。这个埃及王冠是件稀世珍宝。王冠上面镶嵌着二十几颗五光十色的珠宝,有钻石、红宝石、绿宝石、蓝宝石。其中尤以王冠正面镶嵌的一颗大钻石最为珍贵。埃及王冠现收藏在史密斯书房的保险柜里。保险柜是特制的,极其坚固。

"今天我就去取,你报告警察也无妨,恐怕他们也帮不上你什么忙。不过,你锁在保险柜里很不安全,没了你都不知道。总之,你要多留神,回头见。"

电话挂上了。大惊失色的史密斯慌忙报了警。

十几分钟后,彼得队长率领 10 名警察赶到史密斯家。

"我是警察彼得,已在贵府里外布置了人员,请您放心。"

史密斯紧张的心稍稍平静一点儿。

"埃及王冠是放在那个保险柜里吧?"彼得指着书房角落的保险柜说。

"是的,平时总是寄放在银行租用的保险柜里,因明晚有个朋友想来看看,这才从银行取回来。噢,对了,趁你们在这里,还是确认一下保险柜为好。"史密斯还清楚地记着巴特勒说过的话,所以他要打开保险柜看一下埃及王冠是否还在。

"啊,太漂亮了!"警察彼得不由得叫出声来。史密斯从保险柜里取出的"所罗门王冠"五光十色、光彩夺目。警察彼得做梦也没有想到,世界上竟有如此漂亮的东西。

事情就发生在这一瞬间。突然,房间里的灯灭了,四周变得一片漆黑,接着就听见窗外传来一声枪响。

屋内的人都不约而同地拥向窗边。彼得向窗外大喊了声:"到底出了什么事?"

在窗外监视的警察慌里慌张地报告:"院子的角落里突然窜出一个可疑的身影,朝天开了一枪就跑掉了。"

"该不是见戒备森严一气之下就放了一枪吧。"警察彼得心想。

很快,电来了,屋里又亮了起来。是有人在屋外的电门上做了手脚。

就在这同时,史密斯悲伤地惊叫起来:"哪去了? 埃及王冠不见了!"刚刚还在桌子上的王冠已不翼而飞。

"真,真见鬼了! 房间都上着锁,所有通道都有人把守……"

警察彼得对在场的 5 个人都仔细进行了搜身,没有发现王冠。

那么,大盗巴特勒是如何从戒备森严的房间里盗走王冠的呢?

参考答案

巴特勒事先潜藏在房间的椅子里,其同伴则在外面断电和放枪,断电后众人都被枪声引到窗前,巴勒特趁机拿到王冠。

孙中山是谁

某历史老师给学生讲中国近代史,在课堂提问时向某学生提出一个问题:"你是怎样认识孙中山的?"

这位学生居然回答说:"我根本不认识孙中山。"

全班同学听了这个回答哄堂大笑,老师也被逗乐了。

同学们你来分析一下这位同学的诡辩吧!

诡辩逻辑学: 诡辩逻辑学知识告诉我们,同一个语词在不同的语境中可以表达不同的概念。在老师提问中的"认识"一词,表达的概念是"评价"或"理解"。提问的意思是说,学习了孙中山的革命思想和革命事迹之后,应当怎样来评价孙中山这个历史人物;而在学生回答中的"认识"一词,指的是"亲眼见到"或"亲自交往过"。回答的意思是说,我从来没有亲眼见到孙中山。

显然,学生的回答犯了偷换概念的错误。如果是由于功课没有学好而故意这样回答,就是地道的诡辩。

别跟我提面条钱

喜欢占小便宜的张先生很擅长诡辩。

一次,他去饭馆吃饭,他先要的是面条,服务员端来的是辣面,他不想吃,就让服务员换了一盘包子,吃过之后不付款就走。

服务员对他说:"您吃的包子还没有交钱呢!"

张先生说:"我吃的包子是用面条换的。"

服务员说:"面条你也没有交钱。"此人又说:"面条我没有吃呀!"

服务员被气得直瞪眼。

同学们,快来帮忙分析,这究竟是怎么回事呢?

诡辩把戏: 这位"白吃"的张先生,玩弄的诡辩把戏有两处颇迷惑人:

一是"包子是用面条换的",按照通常的理解,"以物易物"的交易是用不着付钱的。

二是"面条我没有吃",既然没吃,也就无须交钱。

问题出在,虽然你没有吃面条,但由于没有付款,面条的所有权仍然属于店主,因而你用面条换来的包子也还是店主的,所以吃了包子必须交钱。

在这里,"白吃"的张先生用"包子是用面条换的"这句话做掩护,偷换了包子"所有权"的概念。

思维小故事

自杀还是谋杀

夏日的一个夜晚,百万富翁威尔森在他的书房里死了。只见他右手握着手枪,一颗子弹击中头部,人倒在地毯上。桌上摆着一台电扇和一份遗书。遗书说因丧偶后难耐孤独而自杀,赶去天堂和妻子重逢了。从现场以及遗书来看,威尔森显然是自杀的。大家都知道威尔森很爱他的妻子,妻子生前几乎与他寸步不离,他们夫妻俩每天早上都要去公园散步或打羽毛球,是一对恩爱情侣。一年前威尔森的妻子遭遇车祸意外死亡,这给威尔森带来了巨大的精神折磨。他经常独自一人去妻子墓前表达哀思,喃喃自语。

警官克鲁斯赶到现场进行调查。他在现场看到,电风扇的线已经从墙壁的插座上拔出,被压在威尔森的尸体下。"是威尔森从椅子上翻倒时碰脱的?"克鲁斯心里滋生了一个假设。为慎重起见,他将电线从威尔森的尸体下抽出,将插头插入墙壁上的插座里,电风扇的开关是开着的,

所以电扇又转动了起来。电风扇产生的强烈气流把桌子上威尔森的遗书吹到了地上。克鲁斯警官弯腰捡拾起地上的遗书,心里已经有谱了:"这不是自杀,是他杀! 凶手在谋杀威尔森后,将仿造的遗书放到桌面上,然后逃离了现场。"

你知道警官克鲁斯为何如此判断吗?

参考答案

插上插头,电风扇开始转动,桌子上的遗书就会被风吹掉。而那封遗书在警察到达时仍放在桌面上。这就是说,被射杀的威尔森倒地时,碰到了电源线,插头从插座中脱落,电风扇停止了转动,然后凶手才将伪造的遗书放到桌面上。如果是威尔森死前自己放的遗书,那遗书就会被吹到地上了,因此毫无疑问这是他杀。

你有什么了不起

唐朝有个男子,他的爸爸做了大官,后其子也考中了状元,唯独他白丁一个,什么官也没有做成。

就这样,平日里爸爸和儿子都看不起他,难免经常对他说些讥讽、嘲笑的话。但此人颇有自我解嘲的本领,当爸爸嗤笑他时,他就对爸爸说:"你有什么了不起的,我的儿子比你的儿子强得多。"

当儿子嗤笑他时,他就对儿子说:"你有什么了不起的,我的爸爸比你的爸爸强得多。"一番话把爸爸和儿子都说乐了。

同学们,分析一下这位善于解嘲的爸爸吧!

巧妙的诡辩:一般我们所说的概念间的关系,是指形式逻辑上的外延关系,其中有一种叫"同一关系"。所谓同一关系,是两个或两个以上概念所指的是同一个对象,但涵义不一样。这是因为人们可以从不同的方面或不同的关系去反映同一个对象。

例如,这位爸爸相对于和他爸爸的关系来说"是儿子",但是他相对于和他儿子的关系来说又"是爸爸",但是两者是同一个人。故事中的那个自我解嘲的爸爸就是这样的身份位置。

当他对爸爸说"你的儿子"和对儿子说"你的爸爸"时,实际上指的都是他自己。用封建社会的等级观念来看,他既不如爸爸又不如儿子,但他不这样说,而是换成另外一种说法。

经他这么一说,他的短处变成了长处,缺点变成了优点,似乎他的情况反倒比爸爸和儿子都优越。

从逻辑上看,他巧妙地利用了概念的灵活性,在为自己辩护,可谓巧妙的诡辩。

没 有 人

甲对乙说:"咱俩打赌,我能证明'一个人有 3 个头'。"

乙说:"愿闻高见。"

甲说:"每个人有一个头,没有人有两个头,对不对? 一个人比没有人多一个头,所以,一个人有 3 个头。"

乙一下就懵了,半晌无语,他虽然知道甲的论证是错误的,但不能指出错在何处。没办法,愿赌服输了。

同学们,你来帮帮他吧!

诡辩艺术:同学们,你注意到了吗? 在甲的论证中,"没有人"这 3 个字,在他的话中前后共出现了两次,可是你仔细琢磨一下,虽然字面上是同样的 3 个字,其实所表达出来的意思是不一样的。

在"没有人有两个头"中,"没有"是一个否定词,它否定的是"有人有两个头"这一判断,意思是说"任何人都没有两个头"。这个全称否定判断的主项是"人",不是"没有人"。

而在"一个人比没有人多一个头"中,"没有"这个否定词否定的是"人"这个概念,因而"没有人"在这里表达的是一个独立的否定概念,也就是他所说的"无人",简单地说就是"一个人也没有"。

如果前面的"没有人"和后面的"没有人"意思一样,则"没有人有两个头"就是一个虚假的判断。

所以,甲的论证是利用字面或语词的相同,暗中偷换了概念,从而得出了荒谬的结论。

两只金锭

古代,有个县官非常喜欢坑蒙百姓。

一日,他来金店要买金锭,店家遵命送来两只金锭。

县官问:"这两只金锭要多少钱?"

店家答:"太爷要买,小人只按半价出售。"

县官看了看,收下一只,还给店家一只。

多日不还账,店家便说:"请太爷赏给小人金锭价款。"

县官装作不解的样子说:"不是早已给了你吗?"

店家说:"小人从没有拿到啊!"

县官假装拍案大怒道:"大胆刁民,本官要你两只金锭,你说只收半价,我已把一只还给了你,就折合那一半的价钱,本官何曾亏了你!"

店家听罢,苦不堪言,认栽了!

同学们,你发现其中的县太爷的勒索讹骗术了吗?快来帮助可怜的店家吧!

强词夺理的诡辩:这位县太爷为了勒索钱财,绞尽脑汁想办法讹人。他的话乍听起来似乎有理。

我们假定原先每只金锭1000元,店家说只按半价出售,即每只降为500元。现在县官不是把两只金锭都留下,而是只留下一只,把另一只仍按1000元计算退还给店家,其中500元是减了半价之后的金锭的价钱,余下的500元作为自己留下的那只金锭的价款付给了店家。

这里的奥秘我们来分析:首先,退还的那只金锭不应仍按1000元计算;其次,这只金锭原先并没有付钱(如果原先已经付了1000元,减了半价之后也就无须退还了），因而它仍然是店家的而不属于县官,怎么能用它折合留下的那只金锭的价钱呢?

把原本属于别人的东西当成自己的东西来顶账,这就是县官玩弄的强词夺理的诡辩。从概念的角度看,就是故意混淆概念,即把"还给了你一只金锭"等同于"还给了你一只金锭的价款"。

活　神　仙

在古代,有3个人进京赶考,半路碰上一自称"活神仙"的算命先生。

3人便前去求教:"我们此番能考中几个?"

算命先生假装闭上眼睛掐算,然后竖起一根指头。

3个秀才,你看看我,我看看你,不明白是什么意思,便请求说清楚一点。

算命先生说:"天机不可泄露,以后你们自会明白。"

后来3个秀才只考中了一个,那人特来酬谢,一见面就夸奖说:"先生料事如神,果然名不虚传。"还学着当初算命先生那样竖起一根指头说:"确实'只中一个'。"

秀才走后,算命先生的老婆问他:"老头子,你怎么算得这么灵呢?"

算命先生嘿嘿一笑说:"傻夫人啊,你不懂其中的奥妙。竖一根指头,可以做出多种解释的。如果3个人都考中,那就是'一律考中';要是都没有考中,那就是'一律落榜';要是考中一人,那就是'一个考中';要是考中两人,那就是'一人落榜'。不管事实上会发生哪种情况,都能证明我算的是对的。"

老婆听后高兴地说:"老头子啊,你的鬼点子可真多,我算是服了你了。"

狡猾的诡辩：利用多义词、主观地应用概念的灵活性，是一种狡猾的诡辩手法。诡辩论者在议论中常常故意把话说得模棱两可、含糊不清，以便见机行事，给自己留下任意解释的余地。

这位算命先生正是利用在特殊情况下"一"的多义性进行诡辩，并以此骗取他人的钱财。

思维小故事

谁装了窃听器

代号为"XP008"的导弹项目是我军正在开发的最新项目，国外军事情报机关多次不惜重金收买人员窃取该项目机密。这天，总工程师将在科研所的论证会上汇报工作，因此，会议是在绝对保密的情况下召开的。然而意想不到的是，外国情报机关的黑手还是伸进了会场。

下午3点，会议正式开始。正当科研所所长移动话筒准备主持会议时，电线将一只茶杯碰翻在地，总工程师在地上捡茶杯时发现桌子底下安装了一只窃听用的微型录音机。所长立即报警，公安人员迅速赶到现场。检查结果：录音机的磁带上开始没有声音，3分钟后有轻轻的关门声，12分钟后便是与会者进入会场的脚步声和说话声。因此推断安装窃听器的时间大约是在下午2时45分。

当天是星期天，科研所放假，只有3位女职员各自在3间办公室内加班，公安人员决定与科研所所长一起找她们谈话。3位女职员同时来到所长办公室。

"自报姓名，并说明理由，为什么在下午离开办公室。"公安人员首先

发话。

最先回答的是胡晓君："我一直在电脑房打字,太累了,曾去阳台上活动过身体。"

"什么时间?"

"对面高楼上的露天时钟是 2 时 45 分。"

"你为什么穿旅游鞋,难道不知道所里规定应穿发的平跟鞋上班吗?"所长严肃地问。

"昨晚打保龄球把脚扭伤了,今天我向副所长说明了情况,他同意的。"胡晓君回答。

"情况特殊,可以原谅。"所长说着,又问另一位,"你呢?"

第二位杨莉红回答:"午餐后我口渴了,去走廊那头的净水器里取过水,经过楼梯时,那里的挂钟也是2时45分。"

"你为什么穿高跟鞋,不是规定只准穿所里发的平跟鞋吗?"所长又严肃地问她。

"我身材矮,下班后就要去会男朋友,来不及回家换。这是我首次违反纪律,请所长原谅。"杨莉红说着,眼泪都快流下来了。

"好,就原谅你一次,下不为例。"所长说着,又要第三位叶咏姗回答。

"今天倒霉了,肚子有点不舒服,下午2时45分去过卫生间……"

还没等她说完,所长又严肃地问:"你这么高的身材,为什么也穿高跟鞋?"

"男朋友是篮球运动员,与他比,我矮多了。今天是星期天,我以为加班可以例外,现在我知道错了,也请所长原谅一次。"

不等所长说话,公安人员立即站了起来,让其中两位走了,只留下一位,对她继续进行审问。结果案件告破,她如实交代了罪行。

请问公安人员留下了3位女职员中的哪一位?为什么?

参考答案

公安人员留下了胡晓君。录音磁带上开始没有声音,只有轻轻的关门声,便是证据,胡晓君穿旅游鞋,自然不会留下脚步声。

你现在不是也在讲话吗

电影院里正在放映精彩的电影,可是总有几个不自觉的人,在观众席上高声说话,旁边的一位观众劝他们说:"请你们不要讲话,好吗?"

其中的一位小伙子倒打一耙说:"嘿嘿,你现在不是也在讲话吗?"

纯粹的诡辩：同学们，我们都知道，在公共场所看电影时大声说话，妨碍别人看电影，是一种违反社会公德的行为。对这种行为提出批评是完全正确的。

这位小伙子不但不接受批评，反而指责批评者"也在讲话"，这就把看电影时的"大声讲话"同制止这种行为的"讲话"，以及同一般的"开口对人讲话"混为一谈，是纯属故意混淆概念的诡辩。

他们二人怎么会没有矛盾呢

甲和乙两个人都是非常爱抬杠的人。

甲："老张和老李在工作中配合得很好，没有发生过矛盾。"

乙："谁说没有矛盾？"

甲："请你说出他们有矛盾的根据来。"

乙："没有矛盾就没有大千世界，任何事物都存在着矛盾方面。他们二人怎么会没有矛盾呢？"

抬杠的诡辩："矛盾"是个多义词，它在不同的语境中可以表达不同的概念，至少可以表达以下几个概念：

①表达哲学概念，指的是客观事物内部两个对立面之间的"对立统一"；

②指的是"思想矛盾"，它是客观事物的矛盾在人的头脑中的反映；

③指的是"逻辑矛盾"，它是思维的组织结构的矛盾，表现为讲话中的自相矛盾；

④指的是"不一致"，如"言行矛盾"、"主观动机与客观效果的矛盾"；

⑤指的是日常生活中人们之间的"不团结"现象。

甲是在表示不团结的涵义上使用"矛盾"这个词的，而乙却把它偷换为哲学中的对立统一规律中的涵义了,这不是故意抬杠嘛。

快　车

同学们,乘坐公共汽车,你喜欢坐快车还是慢车啊? 看看这个快车中发生的情境吧。

一位乘客对公共汽车的售票员说:"你们这是什么车? 不停稳就开门,不等人上完就关门!"

售票员满有理地说:"你没看见车头挂的'快车'牌吗?"

找抽的诡辩:什么是"快车"? 只是由于这种车比慢车停车次数少,也就是说,对于这样的车有些站是不停的,因而速度相对慢车而显得快的公共汽车。

这位售票员为了给自己不负责任的工作态度作辩护,故意地把"快车"曲解为"不停稳就开门,不等人上完就关门"的车,这就导致诡辩了。

一分为二

老刘可算是单位里有名的大烟鬼了。

老王对老刘说:"你吸烟挺厉害的,这对身体不好,我劝你下决心戒了吧。"

老刘则说:"你这个人不懂辩证法,事物都有二重性,有利就有弊,有弊就有利。任何事物都是一分为二的,吸烟既然是一种事物,所以也是一分为二的,有坏处也有好处,怎么能完全否定呢?"

剖析诡辩:唯物辩证法确实认为事物都是一分为二的,它说的是矛盾的普遍性,是指任何一个事物的内部都包含着相互矛盾的两个方面,是二者的对立统一。至于事物究竟是怎样一分为二的,这是矛盾的特殊性。

实际上"矛盾的两个方面"其内容是非常广泛的。例如,上和下,左和右,大和小,长和短,动与静,快与慢,成功与失败,顺利与困难,因与果,真理与谬误,生产与消费,等等,都是矛盾的两个方面。

诚然,好和坏也是矛盾的两个方面,但矛盾的两个方面决不限于好和坏。

老刘故意缩小"一分为二"这一概念的外延,把它仅仅归结为好与坏两个方面,以此为自己的吸烟恶习作辩护,这就带有诡辩的性质了。

现代医学已充分证明吸烟对人体有百害而无一利。如果一定要从利害的角度评价吸烟,只能说通过认识和宣传吸烟的害处,可以促使人们自觉地戒烟,并使广大青少年不去学习吸烟;或者对卖烟者来说,可以从中获得利润。

思维小故事

通缉犯的发型之谜

一天,小林警官垂头丧气地来到罗波的侦探事务所。

"罗波,你要是发现了这个家伙就通知我。这是通缉犯的剪拼照片。"小林说着从上衣口袋里掏出一张照片递给罗波侦探看。照片上的人留着分头。

"这个人犯了什么案?"

"这一个月来,夏威夷接连有几家饭店遭到怪盗的洗劫。这个怪盗的作案特征是专门趁日本游客洗海水浴的空隙，潜入客房盗窃现金和宝石。终有一天该他不走运：4天前，他在行窃时被饭店的服务员发现，但他打倒了服务员后逃跑了，接着似乎是乘飞机逃到东京来了。所以，夏威夷警方根据服务员的证词，给犯人画了像，请我们协助追捕。"小林警官把情况大致说了说。

罗波侦探认真地看着照片，接着惊叫道："哎呀！要是这个家伙，我还真知道，就是昨天才搬进这家公寓四楼的那个人。"

"噢，这么巧？"

"是的，脸非常像，只是发型有点儿不同。"

"不管怎么样，咱们还是去看看。你带我去吧。"

两个人马上来到四楼，敲响了413室的门。门开了，一个男人从里面探出头来。

的确,此人跟照片上通缉的那个人长得一模一样,但发型是背头。

"喂,洗劫夏威夷饭店的就是你吧?"小林警官把通缉照片送到他的眼前。

"这怎么可能呢?我的头发,你们看,是背头呀!从十几年前起我一直是这种发型。而这照片上的人梳的不是三七开的分头吗?只是长得像我,但并不是我。"对方答说。

"发型只要有把梳子,要什么型就是什么型,而你晒黑的脸就足以证明你在夏威夷待过比较长的时间。"

"我的脸是打高尔夫球晒黑的。随你怎么怀疑,反正你也拿不出我梳过分头的证据吧!要想逮捕我,就拿出证据来看看。"他板着脸佯作不知。

就连小林警官也被噎得没话说了。

这时,罗波侦探从旁插话说:"那么,就请你配合我做个实验吧,就做一个。通过这个实验,就能证明你的清白,你不是也想要证明自己的清白吗?"

对方犹豫了一会儿,还是答应了。"可以,你做什么实验我不管,但只要能证明我是清白的,我会乐意协助你的。"

罗波侦探将对方带到附近的一个理发店做了个实验。于是,罗波侦探拿到了他最近梳过三七开分头的证据,马上戳穿了他的谎言。

"不愧是名侦探啊!"小林警官对聪明的罗波侦探佩服得五体投地。

那么,罗波侦探到底做了什么实验,看破了此人的伪装呢?

参考答案

罗波让人剃光了他的头。这样,他头上就露出三七开分头的痕迹,梳着分头,在夏威夷待一个月,分头分开的位置就会留下阳光晒过的痕迹。

我的那份儿不要了

我们国家的人口较多,乘车在高峰时是很拥挤的。

一辆公共汽车开到某站,车下的人不等下车的人下完,便一窝蜂似的往上挤,突然,"哗啦"一声,一块玻璃被一个小伙子弄碎了。

售票员对他说:"同志,你把玻璃弄碎了,你要赔偿!"

小伙子反问道:"为什么要我赔?"

售票员说:"损坏了人民的财产就应当赔偿。"

小伙子理直气壮地说:"我是人民中的一员,人民的财产也有我的一份儿,用不着赔,我的那份儿不要了。"

混淆的诡辩:在我们国家里,国有企业的公共汽车是国家的财产,属于全民所有。因而售票员所说的"人民的财产",从逻辑上看,其中"人民"一词表达的是集合概念。所谓集合概念是反映由许多个体对象组成的集合体或群体的概念。

集合概念与非集合概念的根本区别是它的内涵所反映的属性是属于集合体的,而不属于集合体中的个别分子。

例如,"人民群众是历史的创造者"这个判断,是说"历史的创造者"这个属性属于"人民群众"这个集合体,不属于人民群众中的个别分子,人民群众中的任何人都不能说历史是由他个人创造的。

非集合概念则不同,它的内涵所反映的属性为它反映的一类事物中的每一个对象所具有。

例如"商品"这一概念的基本内涵是"用来交换的劳动产品",这一属性为任何一种商品所具有。既然"人民的财产"中的"人民"是集合概念,那么其涵义就是这些财产属于由全体人民组成的群体,不属于其中的个别人。

因而,作为人民中的一员,理应十分爱护公共财产,以便用它来为包括自己在内的全体人民的利益服务。如果不是这样,而是每个人都以自己是人民中的一员为理由,任意地破坏或占有这些财产,那还有什么"人民的财产"可言?

所以,这个小伙子的诡辩就是故意混淆了集合概念与非集合概念的区别。

任何人都是自私的

"任何人都是自私的",你听说过这一观点吗?

该观点是这样论证的:一个人要求实现个人的利益和满足自己的需要就是自私,就是个人主义,而任何人都不能没有个人的利益;所以,任何人都是自私的,"自私"是人的本质,世界上不可能有大公无私的人。

上面的论证运用了这样一个三段论:凡要求个人利益的都是自私的,任何人都是要求个人利益的,所以任何人都是自私的。

诡辩艺术:这个三段论的推理形式正确,但结论错误。

根据逻辑规律可判定必有错误的前提。这个错误的前提不是小前提而是大前提。因为在历史唯物主义看来,个人利益的满足是每个人生存和发展的保障,没有个人的利益,不但个体失去了生存的条件,而且社会也失掉其存在的基础。

所以,个人利益人皆有之,即"任何人都是要求个人利益的"这个小前提是正确的,那么错误的就是大前提。

大前提错在何处? 就错在它把"要求个人利益"和"自私"混为一谈。

因为"自私"或"个人主义"的概念有其确定的涵义,它指的是一种损人利己、损公肥私、把个人利益置于他人或集体利益之上的思想行为。

而我们所提倡的"大公无私"中的"无私",指的是无"自私自利"之私,绝不是否定一个人通过合法的诚实劳动获得正当利益。

可见,一些人在论证"任何人都是自私的"、"不可能有大公无私"的错误观点时,其诡辩手法就在于不加区别地把"要求个人利益"与"自私自利"等同起来,犯了混淆和歪曲概念的错误。

思维小故事

怎么逃跑的

一个夏天的夜晚,濑户内海的 A 岛发生了一起盗窃未遂案。窃贼潜入渔业工会的大楼,正欲撬开保险柜时,报警装置响了,所以仓皇逃去。报警铃响是夜里 11 点,等附近的人闻声赶来时,窃贼已经消失得无影无踪了。

不久,经过侦查发现了重大嫌疑犯。此人名叫中村常夫,家住 B 岛,是造船厂的工人,从犯人落在现场的螺丝刀上验出了他的指纹。

"我不是犯人,犯人顺手拿了我在造船厂使用的螺丝刀作的案。"中村常夫向来调查的刑警强调自己无罪。

"那么,那天夜里 11 点左右你在哪里? 在做些什么?"

"那天是星期六,所以我一个人在 B 岛海边钓鱼。因钓不着鱼,太无聊,11 点半左右我就去朋友家玩,喝酒一直喝到下半夜 1 点左右。要是不信,就去问我朋友好啦。他叫原田,住在 B 岛的海水浴场附近。"中村答道。

于是,刑警马上访问了原田,确认中村不在现场的证明,结果与中村说的一样。"事件当夜的 11 点半左右,中村是喝了半打罐装啤酒回去的,我们一起喝到下半夜两点。"

B 岛在作案现场 A 岛往西约 5000 米处。

"你的不在犯罪现场的证明,只能证明晚上 11 点半以后,但关键的 11 点半左右不明。你是不是乘汽艇逃离 A 岛的?哪怕是个小艇,有个十五六分钟到 B 岛是不成问题的。"刑警再次询问中村。

"如果乘汽艇,马达的声音会惹人注意的。那天夜里有人听到了马达声音了吗?"中村反驳说。

经过调查,在作案前后,没人在现场附近的海上听到过汽艇的马达声,就连在 A 岛和 B 岛中间地带的海中,深夜垂钓的人也没听到马达声。

"那么是划舢板或小船逃走的吧?"

"哪里话?那天夜里潮水是由西向东流的,如果划小船离开 A 岛是逆水,30 分钟绝不会到 B 岛的。况且,那一带海水流速很急呀!"

"那么就是用了游艇!"

"在渔业工会附近的海边有游艇吗?"

被中村这么一问,刑警无言以对。实际上,那天夜里,在渔业工会的报警铃响 10 分钟前,驻 A 岛的巡查人员在附近海边巡逻时,仔细检查过,没停泊一只可疑的舢板或游艇。因此,中村常夫不在现场的证明姑且成立。

顺便说明一下,A 岛最高的山丘也不过 40 米,所以用悬动式滑翔也是无法飞越山丘到达 B 岛的。

然而,在当地警署有一名喜爱海上体育运动的年轻警察,当他想起案发当天夜里阴天,没有一点星光,而且有东风,风速每秒 6 米时,马上就揭穿了中村常夫巧妙的作案手段。

那么中村常夫是用什么手段,不到 30 分钟就从 A 岛逃到了 B 岛?

参考答案

他作案后乘帆板从 A 岛逃到 B 岛,那天夜里刮东风,风速每秒 6 米,即使是逆水,帆板也可以借风力前进。当夜没有星光,无人看到。

物质消灭了

其实早在古代,唯物主义者就认为世界是物质的,世界上的万物都是由原子组成的。并认为原子是最小的不可再分的物质微粒。

到了 19 世纪末 20 世纪初,由于自然科学和实验工业有了巨大的发展,人们发现原子是由比它更小的质子、中子和电子组成的,认识到原子不是不可分的物质单元。

这时候,一些唯心主义者跳出来攻击唯物主义,说什么"原子非物质化了"、"原子消灭了",他们的理由是:电子的发现说明了组成物质的最小的不可分的微粒是不存在的,所以物质消灭了。

诡辩艺术:人类对任何事物,包括对原子的认识,从根本上讲是由实践水平决定的,是随着实践的发展而发展的。由于实践条件的不同,人们即使对同一个事物也会形成不同的认识。

原子的发现并不能证明"物质消灭了",它只是表明形而上学唯物主义者关于原子的概念是不科学的,只是表明形而上学唯物主义者的"原子"概念不能继续存在了,而物质却是永存的、不灭的。

从逻辑上看,上述唯心主义者犯了混淆概念的错误,即把人们"对事物的认识"与"被认识的事物"等同起来。他们抓住了形而上学唯物主义者对原子属性的错误认识,得出了"物质消灭了"的结论,这是十分荒谬的。

难道我们能根据有人对某个事物的认识不全面甚至完全错误,就断言这个事物不存在吗?

思维小故事

法官智审金币案

从前,西班牙有个穷苦的樵夫到山上去打柴,准备用打来的柴去换钱买面包给他的几个孩子充饥。在路上,他捡到了一只口袋,里面有100个金币。樵夫一边高兴地数着钱,一边在脑子里想象着展现在自己面前的那幅富裕、幸福的画卷。但接着他又想到那钱袋是有主人的,他对自己的想法感到羞愧。于是,他将钱袋藏了起来,到山里去劳动了。直到晚上柴还没卖掉,樵夫和他的全家只好挨饿。

第二天早上,按照那时风行的做法,钱袋失主的名字在大街上传开了,把钱袋交还给失主的人将能得到20个金币的赏金。失主是一个佛罗伦萨的商人,好心的樵夫来到他面前:"这是你的钱袋。"但是,这个商人为了赖掉许诺的酬金,仔细地查看了钱袋,数了数金币,假装生气地说:"我的好人,这钱袋是我的,但钱已变少了,我的钱袋里有130个金币,但

现在只有 100 个了,毫无疑问,那 30 个是你偷去了。我要去控告,要求惩罚你这个小偷。"

"上帝是公正的,"樵夫说,"他知道我说的是实话。"

两个诉讼人就被带到当地的一个法官那儿。法官对樵夫说:"请你把事情的经过如实地向我叙述一下。"

"老爷,我在去山上的路上拾到了这个钱袋,里面的金币只有 100 个。"

"你难道没有想过有了这些钱,你可以生活得很幸福吗?"

"我家里有妻子和 6 个孩子,他们等着我把柴换钱买面包带回家。老爷,您原谅我吧!在这种情况下,我是想过要用这些金子的,但后来我就考虑到钱是有主人的,他比我更有权用这些钱。于是,我把这钱藏起来了。我没有回家,而是径直去山上劳动了。"

"你把拾到钱的事告诉你妻子了吗?"

"我怕她贪心,所以没告诉她。"

"口袋里的东西,你肯定一点都没拿吗?"

"老爷,我妻子和我可怜的孩子连晚饭都没吃哩,因为柴没能卖掉。"

"你有什么说的?"法官问商人。

"老爷,这人说的全是捏造的。我钱袋里原先有 130 个金币,只有他才会拿走那缺少的 30 个金币。"

至此,法官已经明白了事情的真相,他巧妙地做出裁决:"商人,你享有这么高的地位和信誉,根本就不容我们怀疑你会行骗。很明显,这个樵夫拾到的这只装有 100 个金币的钱袋不是你的那只有 130 个金币的钱袋。"

"拿着这个钱袋,好心的人。"法官对樵夫说,"你把它带回家去,等它的主人来取吧!"

法官的根据是什么呢?

樵夫既然能拿走一小部分钱,也完全能够留下所有的钱。他没有这样做,显然是一个诚实的人,法官巧妙地惩罚了贪婪的商人。

快 结 账

同学们,大家看过《阿凡提的故事》这本书吗?

其中讲了个关于讨饭钱的故事:

有一个穷人找到阿凡提说:"咱们穷人真是难啊!昨天我在巴依(相当于财主)开的一家饭馆门口站了一站,巴依说我闻了他饭馆里的饭菜的香味,叫我付钱。我当然不给,他就到喀孜(可以理解为宗教法官)跟前告了我。喀孜决定今天判决,你能帮我说几句公道话吗?"

"行,行!"阿凡提一口答应下来,就陪着穷人去见喀孜。

巴依早就到了,正和喀孜谈得高兴。喀孜一看见穷人,不由分说就骂道:"真不要脸!你闻了巴依饭菜的香气,怎么敢不付钱!快把饭钱算给巴依!"

"慢着,喀孜!"阿凡提走上前来,行了个礼,说道,"这人是我的兄长,他没有钱,饭钱由我付给巴依好了。"

阿凡提一边说一边从腰里掏出一个装铜钱的小口袋,举到巴依耳朵旁边摇了几摇,一问巴依道:"巴依,你听见口袋里响亮的声音吗?"

"什么?哦,听到了!听到了!"巴依说。

"来,他闻了你饭菜的香气,你听到了我的钱的声音,就是账算清了。"

阿凡提说完，拉着穷人的手，大摇大摆地走了。

诡辩手法：闻到了饭菜的香味就等于吃了饭菜，因而就要付钱，这就是巴依和喀孜敲诈穷人的诡辩术。

其诡辩手法就是故意地把客观事物（饭菜）和事物的某一方面的属性（饭菜的香气）混为一谈，从概念上看，就是把"闻"和"吃"混为一谈，用"闻"的概念偷换了"吃"的概念。

阿凡提不是正面地去辩解事物和它的属性，以及"闻"和"吃"如何不同，而是先让对方听到他口袋里铜钱的声音，然后说明已经付清了饭钱，这叫作针锋相对、以毒攻毒。既然你认为闻到了饭菜的香味就等于吃了饭菜，那么你也必须承认听到了钱的声音就等于拿到了钱。

这就巧妙地揭穿了对方的诡辩术，使之理屈词穷，无言以对。

爸爸聪明还是儿子聪明

真是凑巧了，甲乙两个人爱抬杠的人，遇到一起就吵。

一天，他们争论一个关于"爸爸和儿子哪一个聪明"的问题。

甲说："儿子比爸爸聪明，因为人所共知，创立相对论的是爱因斯坦，而不是爱因斯坦的爸爸。"

乙说："相反，这个例子只能证明爸爸比儿子聪明，因为创立相对论的是爱因斯坦，而不是爱因斯坦的儿子。"

诡辩错误：甲和乙从爱因斯坦创立了相对论这同一个事实中得出了截然相反的结论；而且听起来似乎都正确，这是怎么一回事呢？

原来，任何事物都是许多规定的统一，同一事物同其他事物之间存在着多种多样的不同关系。这种情况反映在概念中就表现为概念的灵活性，即人们可以从某一事物自身的不同规定或者从它与其他事物的不同关系中来反映该事物。

诡辩论者的手法之一,就是任意地挑选出事物的某一方面的规定或关系,作为论证自己观点的根据。

甲和乙的错误都是主观地、片面地应用了概念的灵活性。

另外,甲从"爱因斯坦比他的爸爸聪明"的前提,得出"任何一个作为儿子的人都比自己的爸爸聪明"的结论,乙从"爱因斯坦比他的儿子聪明"的前提,得出"任何一个作为爸爸的人都比自己的儿子聪明"的结论,都是犯了"以偏概全"的诡辩错误。

何谓"先生"

先生是什么?看看甲和乙的对话。

甲:"何谓'先生'?"

乙:"所谓'先生',就是先出生的人,而先出生的人自然会先死。因此,当我们称呼某人为'先生'时,就意味着他要先死。先生先死,先死'先生',呵呵!"

恶劣的诡辩:在我们日常交际中,作为称呼的"先生"是礼貌用语,它是对被称呼者的一种尊称。

乙望文生义地把它曲解为"先出生的人",然后又提出一个虚假的大前提"先出生的人自然会先死"(事实上,先出生的人不一定先死),并进一步推出结论——"先死'先生'"。

这是明目张胆地歪曲概念,是恶劣的诡辩。

他比你更有理(礼)

古代,曾有张三、李四两个人,因为房子问题产生了矛盾,到县衙门打官司。

张三拿了 30 两银子向县官行贿,请求判个胜诉,县官一口答应下来。

后来李四也到衙门行贿,送了 50 两银子,求县官帮他打赢官司,县官也答应了。

开庭审判的时候,县官三言两语问过,就命差役把张三拉下去打屁股,张三忙伸出 3 个手指说:"老爷,我是有理(礼)的呀!"

"什么,你有理(礼)?"

县官马上伸出 5 个手指,对张三喝道:"他比你更有理(礼)!"

幽默的诡辩:"理"和"礼"是同音异字异义词,它们的区别只有写出来才能从字形上看清楚,听是听不出的。

这个贪官正是利用了"理"与"礼"的谐音,偷换了概念,亦即偷换了判断是非的标准,用"礼"偷换了"理"。

按照这个标准,判断输赢的依据不是道理和法律,而是是否送了礼以及送礼的多少。如果一个人送礼,另一个人没送礼,则送礼者赢,没送礼者输;如果两个人都送了礼,则礼多者赢,礼少者输。

但是听起来,县官好像是以"理"和"法"作为断案准绳的清官,实际上却是一个贪赃枉法的昏官。

面对着这样腐败的官吏,难怪人们幽默地讽刺说:"有礼走遍天下,无礼寸步难行。"

空酒瓶等于装满酒的瓶

六年级三班的小赵、小钱、小孙、小李四人是一个学习小组的成员,他们常聚在一起讨论问题。

有一天四人同桌吃饭,为桌上的半瓶酒争论起来。

小赵说:"这瓶子一半是空的。"

小钱说:"这瓶子一半是满的。"

小孙说:"这有什么好争的,半空的酒瓶就等于半满的酒瓶。"

小李说:"不对。如果'半空的酒瓶等于半满的酒瓶'这个等式能够成立。那么我们把等式两边都乘以2:半空的瓶乘以2,等于两个半空的瓶,而两个半空的瓶就是一个空瓶;半满的瓶乘以2,等于两个半满的瓶,而两个半满的瓶就是一个装满酒的瓶。这样,岂不是一个空酒瓶等于一个装满酒的酒瓶吗?"

诡辩艺术:小孙的话犯了偷换概念的错误。实际上,"半空的酒瓶"与"半满的酒瓶"之间是相互蕴涵的关系,或者说是一种相互"可推出"的关系,即从"这是半空的酒瓶"可推出"这是半满的酒瓶",反之亦同。

而小孙用"等于"的概念偷换了"可推出"的概念,这就错了,因为"半空"不同于"半满"。

这正如已知六年级三班40个学生中,一半是男生,另一半是女生,我们可以由前者推出后者,也可以由后者推出前者,但不能说20个男生就等于20个女生。

小李指出小孙的话"不对",这是正确的。但小李在反驳中也犯了偷换概念的错误。表现在他认为"两个半空的瓶就是一个空瓶"和"两个半满的瓶就是一个装满酒的瓶"。

因为"两个半空的瓶"和"两个半满的瓶"分明说的都是两个瓶子,怎么会成为一个瓶子呢?就是说,"两个半空的瓶"不是"一个空瓶","两个半满的瓶"也不是"一个满瓶"。

小李的诡辩错误就在于把"两个酒瓶"偷换为"一个酒瓶"。

思维小故事

孤身老人之死

孤身老人杰考勃·海琳突然死亡了。伦敦警察厅的安东尼·史莱德探长闻讯赶到了现场。

案件发生在昨天,死者还在客厅里,有一支自动手枪掉在身边。枪弹的射角很低,死者上腭明显被打穿了,嘴里有火药痕迹。这些迹象都表明,手枪是放在嘴里发射的。一个理智正常的人绝不允许别人将手枪放进自己的嘴巴里,除非是中了毒,但死者并无中毒现象,所以显而易见是自杀。

史莱德探长从死者口袋里翻出一张便条和一张名片。便条是为海琳看病的贝尔大夫写的,内容大意是即日上午不能依约前往诊视,改为次日上午来访云云。名片是另外一个人留下的,上写:肯普太太,伦敦西二邮区卡多甘花园 34 号。史莱德又把首先发现海琳死亡的卡特太太和在这个街区巡逻的警察找来查询。

卡特太太是定期来为海琳料理家务的女佣。她对海琳的印象不佳,认为他是个守财奴,悭吝、尖刻、神经质,这样的人自杀是不足为奇的。近一段时期,她到乡下去了,昨天傍晚来到海琳家时,发现他已经死了。

　　巡街警察则提供了一个情况,说他昨天巡逻时,曾看见一个妇女从海琳的住宅里走出来,看不清其面貌特征,留下比较深刻的印象是这个妇女拿着一只很大的公文包。

　　打发走两个证人后,史莱德又开始检查海琳的财物。他从书桌里找到一串钥匙,试了几把后,打开了放在客厅角上的保险箱。里面没有什么东西,仅有一个银行存折,也没留下多少余额。在电话里银行职员回答史莱德说:"海琳曾在银行里存了不少钱,但在3个月前已全部取走了。"

　　"钱到哪里去了呢?"史莱德怀疑这是谋财害命的案件。最近同海琳接触的只有两个人:一个是贝尔医生,但贝尔已写信告诉海琳,昨天没有空来，今天才会来。另一个就是留有名片的肯普太太。巡逻的警察昨天看到过一个妇女从海琳的住宅出来，手里拿着大公文包，包内藏着的莫非就是从保险箱中窃得的钱财？

海琳的写字桌抽屉里有一札信件，史莱德匆匆翻阅一遍后，没有发现与这个肯普太太相关的内容，倒有不少贝尔医生所开的药方。这就奇怪了，经常有往来的医生昨天案发时却没有来，来的却是一个从无交往的肯普太太。

想到这里，史莱德打了一个电话到居民登记处，得到的回答是不存在卡多甘花园34号这一地址，当然也没有肯普太太。史莱德这时脑子里渐渐地清晰起来了。

正在这时，大门口出现了一个陌生人，他看到客厅里的情景，赶忙收住脚步，显出莫名其妙的样子："对不起，我是贝尔医生，是为海琳先生看病的，不明白这里发生了什么事？"

"海琳先生死了！"史莱德说，"你来得正好，我正有事向你请教。"

贝尔医生怔了一怔："探长先生，我将尽力而为。"

"贝尔医生，凶手就是你！实际上你昨天已经来过了。你杀死了海琳先生，还打开保险箱取走了海琳先生的钱财……"

你知道这到底是怎么回事吗？

参考答案

贝尔借口看海琳的舌头，把手枪放进他的嘴巴，将他打死，然后换上女装，拿着钱走了出来，故意让警察看到。这一切都是要使侦探相信海琳先生是自杀。

诡辩思维的陷阱

用不着你操心

曾经有位老人去书店买书,服务员态度不好,语言不文明。

老人诚恳地劝导她说:"你这位姑娘呀,应该好好学习。"

没想到这位服务员说:"我天天守着书,用不着你操心。"

诡辩洞察:在上述特定的语境里,老人所说的"学习"显然是指加强政治思想学习,提高思想觉悟,端正服务态度。

而服务员说的"我天天守着书",其意思是说我每天都在"学习",实际上指的是一般意义上的看书学习——文化学习。

这里,这位服务员为了拒绝顾客的善意劝导,故意地偷换了老人所说的"学习"的概念。

思维小故事

臭名昭著的大盗贼

国际刑警组织正在追捕臭名昭著的大盗贼哈里。一天,他们收到报告说哈里正驾车朝码头驶去,他是为了与"东方神秘"号船上的什么人接头的。

于是加尔探长命令加强对船上所有人员和码头周围人员的监视。

根据几天的观察,加尔探长得到如下线索:这条船上有 1 个船主、5个水手和 1 个厨师。每天早上 9 点,船主盖伦走上甲板,活动筋骨,呼吸

新鲜空气,然后又回到甲板下面去。上午10点,一个矮胖的厨师走出船舱,骑着自行车上街采购。他每天总是循着相同的路线:先去一家面包店,然后去一家调味品批发商店,再去一家肉店、一家乳品店、一家中国餐馆,最后去报摊买当日的报纸。在每个地方,他都短暂停留。5个水手上午在船上工作,下午上街游玩,傍晚喝得醉醺醺,嘴里胡乱哼着小调回船,天天如此。

加尔经过缜密的分析和调查,逮捕了船上的厨师。最后厨师供认:每天他都在一家商店里与哈里接头。

请问:厨师与哈里是在哪家商店接头的?

厨师和哈里是在调味品批发商店接头的。厨师每天都上街采购食品,但他完全没有必要每天采购调味品。即使每天采购调味品,也不必去调味品批发商店。批发商店是大批量供货的,而船上仅有七人就餐,无此必要。

爱情价更高

"生命诚可贵,爱情价更高"一直在民间流传着。看下面这小伙子和姑娘的对话。

小伙子:"你要这要那,不怕人家说你是高价姑娘吗?"

姑娘:"你没听人说'生命诚可贵,爱情价更高'吗?价钱低了,还能叫爱情吗?"

有意思吧!

爱情的诡辩:爱情是男女之间产生的一种相互爱慕、渴望结成终身伴侣的最强烈的感情,是一种巨大的精神力量。匈牙利伟大诗人裴多菲的著名诗句中的"爱情价更高",指的是爱情产生的崇高精神的价值,这种崇高精神决非金钱能买到的。

而这位姑娘却把它理解或歪曲为物质交换的价值。

这样,就把自己当成一种高价出售的商品,这说明她根本不懂什么叫爱情。

从逻辑上看,这位姑娘或出于无知或出于有意,曲解了"爱情价更高"的本意,并以此作为向对方索取更多财物的理论根据,犯了偷换概念的诡辩错误。

你也不怕人笑话

一位老先生，对艾青的作品很有研究。

一天，他到书店里买艾青的著作。他向一位正在与同事聊天的女营业员问："有《艾青诗选》吗？"

营业员没好气地说："没有！"

老先生刚转身，营业员就忍不住地笑着对同事说："这老头子，这么大年纪了，还买《爱情诗选》，也不怕人笑话！"

可见她的无知。

无知的诡辩："艾青"与"爱情"是谐音词，音同字不同，义也不同。这位营业员可能是出于无知，才把《艾青诗选》理解为《爱情诗选》，从而犯了混淆概念的错误。

可见，应被人笑话的不是老先生，恰恰是营业员自己。另外，即使这位老先生真的要买《爱情诗选》，也没有什么可奇怪的。

营业员之所以认为老年人不应读爱情诗，是因为在她的头脑中做出了这样一个没有说出来的推理：只有青年人读爱情诗才不会被人笑话（大前提），老年人读爱情诗不同于青年人读爱情诗（的小前提）。

所以，得出老年人读爱情诗会被人笑话这一结论。

这是一个必要条件的假言推理，虽然推理形式正确，但大前提不能成立。因为读爱情诗并非青年人的专利，老年人为什么不可以读呢？有什么理由笑话老年人呢？如果是为了研究而读，更是无可非议的。

立场坚定

甲、乙、丙三人到丁家做客,刚出来就开始议论对丁的不同看法。

甲:"丁立场比较坚定,不管事物的情况发生什么变化,他都不为所动,仍然坚持自己原来的观点和做法,决不人云亦云、随波逐流。对此,我很佩服。"

乙:"我不同意你的看法。我认为丁这个人心眼太死,尽管客观情况发生了很大的变化,他依然如故,不肯放弃从前的老一套,坚持所谓'以不变应万变'的原则。我看这不是'立场坚定',而是地道的头脑僵化、思想保守。"

丙:"我觉得你们二人讲的都有道理,但我弄不清楚'立场坚定'和'头脑僵化'这两个概念的根本区别是什么,以及如何具体确认这种区别。所以,我对丁还说不出明确的意见。"

复杂的诡辩:如何确认坚持某一观点或做法是"立场坚定"的表现还是"头脑僵化",这是一个十分复杂的问题,它涉及到人们看问题的立场、观点和方法,涉及到议论的对象与议论者的利害关系。

具有不同立场观点、不同利害关系的人,可能对同一事物做出完全相反的论断。这里,我们仅从语词和概念的关系的角度做些初步的探讨。有许多语词除了表达概念,还具有浓厚的感情色彩。

有些语词含有赞美的感情,叫褒义词;有些语词含有贬斥的感情,叫贬义词。例如:领袖、成果、顽强、鼓舞、歌颂、果断、聪明、好人等是褒义词;与之相对应的是头子、后果、顽固、煽动、吹捧、武断、狡猾、坏蛋等是贬义词。语词的这种不同的感情色彩,常常被诡辩论者所利用。

诡辩论者在使用语词指称某一事物时,不是根据事物的实际情况,而是以自己的主观愿望为标准。当他们要肯定某一事物时,就选择一大堆美妙动听的语词加到该事物的身上;当他们要否定某一事物时,就选择一些有强烈贬斥色彩的语词加到该事物身上。

对某一行为,他们可以说成是"立场坚定"或"坚强不屈",也可以说成是"头脑僵化"或"顽固不化";对一个"我行我素"的人,可以说这个人"有主见、有个性、自信心强",也可以说这个人"狂妄自大、独断专行";对一个缺乏某些生活常识、不会处理日常事务的人,可以说他是"笨蛋"、"傻瓜",也可以说他是"大智若愚";等等。

总之,话该怎样说,完全以自己当前的主观需要为转移,至于事物的真实情况如何,他们是不管的。在诡辩论者的语词的"万宝囊"中,盛有各种各样的词和概念,他们可以随时根据需要选出一些加到事物身上,他们是"以名乱实"的能手。

超级荒谬

有的同学说,中国人就喜欢吹牛的。其实外国人也是一样的。

有一个美国人和英国人在一起互相吹牛。

美国人说:"我们美国人很聪明,发明了一种制造香肠的机器。这种机器真是神奇,只要把一头猪挂在机器的一边,然后转动机器的把手,那么,香肠就可以自动地从机器的另一边一条一条地转出来。"

英国人一听,不屑地说:"这有什么了不起? 这种做香肠的机器我们早就有了。你们美国人真是少见多怪! 我们早就把这种机器改造得更加神奇了!"

"怎么个神奇法?"美国人问。

"我们新的制作香肠的机器,只要做出来的香肠不符合我们的口味,我们就可以把香肠放在机器的一边,然后'倒转一下'机器的把手,那么,机器的另外一边,就会跑出来原来的那头猪。"你说可能吗?

思辨诡辩:这是观点与思维媾和的产物。它的主导思想并不是为真理而辩,而是为战胜对方而辩。包括发散性思维、收题性思维和急中生智三个方面。

发散性思维指的是临场打开自己搜索论据的视野,采撷生动的事例说明问题,以使自己的观点在力求突破的基础上,达到形象化、生活化和明朗化,其手法大致有演绎推论、动物拟人、寓言夸张等。

发散性思维可以将本与辩题风马牛不相及的事例通过比喻,与己方观点串联起来,形成立体的思辨体系,可以达到事半功倍的效果。

但发散性思维切忌偏题,无论举的是什么事例,哪怕是再精彩,如若与己方观点达不到一种活络有机的结合,那势必会引火烧身,自寻困境。上面的例子当中英国人的诡辩就露出了破绽。

所以,在组织发散性思维的思辨系统时,应该掌握适度,围绕主题而造势,做到进可攻,给对方的观点以提头痛击;退可守,给自己的防线垒筑坚固的工事。古人提倡的"文武之道,一张一弛",讲的也是这个道理。

美国议员

大家都知道美国著名作家马克·吐温吧,他使用的收题性思维可谓经验老到。他在一次答记者问时说漏了嘴:"美国国会有些议员是狗娼子养的!"

第二天,此话被刊登在一家报纸上,引来了华盛顿的众多议员纷纷谴责,勒令马克·吐温立即登报道歉,否则,将要诉诸法律。几天后,马克·吐温的道歉声明赫然登在了《纽约时报》上:"日前,鄙人在酒席上发言,说'国会中有些议员是狗婊子养的'。事后有人向我兴师问罪,我考虑再三,觉得此话不妥当,而且也不符合事实,故特此登报声明,把我的原话修正一下:'美国国会中有些议员不是狗婊子养的'。"

华盛顿的议员们读罢此文,个个气得要死,恨不得一口吃掉他,但却苦于无从找茬。

诡辩艺术:马克·吐温利用巧变个别文字的手法校正自己发散性思维的"失误",不但为自己找到了解脱办法,而且还进一步攻击了对方,从而达到了收题性思维预期的效果,真是一举两得、惟妙惟肖。

发散性思维的思辨,掌握了适度性,就可以围绕主题而造势,做到进可攻,给对方的观点以提头痛击;而收题性思维,就好比发散性思维的校正液一样。

由于发散性思维的随意性所致,有些辩手在使用时会出现弄巧成拙,给己方造成被动局面。针对有可能出现的这些情况,需相应地建立收题性思维的思辨体系,以便在继续坚持己方观点的基础上达到诡辩的成功。

故事中的马克·吐温先生就很成功地应用了这样的收题性思维。

第二章　你上我下

别急开枪

伊索寓言中,讲了一只熊能在猎人枪下逃生的故事,它靠的是智慧。下面便是野熊和猎人的一段诡辩。

野熊:"何必急于马上开枪呢?"

猎人:"我想要一件温暖的熊皮大衣来抵挡严寒。"

野熊:"行啊,但我也没别的要求,只要能吃饱肚子,死了也无所谓,咱俩是否可以坐下来谈谈具体条件呢?"

猎人:"反正你吃饱了我也照样能穿上你的皮大衣,要谈就谈吧!"

经过一番长时间的争吵,最后双方达成了"共识"。过了一会儿,野熊独自走开了,它满足了要求——填饱了肚子;而猎人也如愿以偿,穿上了他想要的温暖的熊皮大衣。

熊的诡辩:可想而知,这个结果是野熊急中生智而思辨,谈判协定一经签署,野熊就吃掉了猎人。而猎人死到临头时,由于缺乏急中生智的思辨能力,自然就成了野熊的一顿美餐。

我们在为愚蠢的猎人痛惜之余,联想到一些参辩者,在临场因反应迟钝而被人穷击猛攻的事例,也就不足为奇了。

思辨内容就是指在使用诡辩术时要做到逻辑思维与形象思维二者的统一。

逻辑思维是诡辩的主干,是维护自己观点的灵魂。逻辑思维主要由形式逻辑思维和辩证逻辑思维两部分组成。不以逻辑思维做先决条件,仅凭一堆堆华丽词藻装饰辩词,迟早会陷入漫无边际的大海中苦苦挣扎,就像猎人最后的处境,那是何等的尴尬!

熊采用的急中生智法也叫急智,是诡辩者必须具备的思维形式。

辩论不同于写作,写作可以随处找到灵感,或静下心来慢慢构思,况且写错了还可以改;但要在一瞬间对一系列的论点做出高速度的分析和判断,并做出相应的语言反应。在形势变幻莫测的场景下,此一时的优势方说不准在彼一时就栽了跟头。

所以,急中生智就是要在最短的时间内启动思维做出反应,以掌握主动权。如果一方在这一方面处于劣势,那么他就很可能被动挨打。不要成为第二个可怜又可悲的猎人哦!

大锅已死

有这样一个传说:当年阿凡提向财主借锅,阿凡提说明天就还锅。

第二天早晨,阿凡提很守约地来还锅,并且在归还锅时,多还了一口小锅,财主疑惑地问及何故,阿凡提说"小锅系大锅所生",财主大喜并接受之。

又过一天,阿凡提再向财主借锅,贪心的财主等着阿凡提给自己"再添贵锅",所以很痛快地借给了他。可是这次,阿凡提很多天都不来还锅。财主就跑到阿凡提的家里,问他怎么回事,不料,此次阿凡提却以

"大锅已死"为由拒绝还锅。

财主大怒,说:"锅又不是人,怎么可能死呢?"

阿凡提笑了笑,回答:"大锅既然可以生小锅,也就一定会死的。"

诡辩艺术:锅与生命没有本质上的联系,能"生"又能"死",这是荒唐的逻辑思维。聪明的阿凡提则利用了财主贪心的弱点,将其形象化,并获得了诡辩的成功。

可见,形象思维用于临场发挥,诡辩力度有多大!但是,训练形象思维的思辨技能,并非一朝一夕就能大功告成的事,它来自于生活的锤炼与体验;形象思维资质差,不仅会使辩论的语言缺乏感召力,其他体系的思辨形式也无法正常发挥起来。

"正"与"不正"

哲学家苏格拉底,善于运用智谋战胜对方。

在一次与欧西德探讨关于"正"与"不正"的定义时,二人发生了如下的对话:

苏格拉底:"虚伪是'正'还是'不正'?"

欧西德:"不正。"

苏格拉底:"偷盗呢?"

欧西德:"不正。"

苏格拉底:"侮辱他人呢?"

欧西德:"不正。"

苏格拉底:"克敌而辱敌,是'正'还是'不正'?"

欧西德:"正。"

苏格拉底:"诱敌而窃敌物,是'正'还是'不正'?"

欧西德："正。"

苏格拉底："你方才说侮辱他人和偷盗都是'不正',现在为何又言'正'?"

欧西德："刚才是对敌人,而现在是对朋友。"

苏格拉底："某军官为给士兵打气,欺骗说'援兵即到',结果士兵打了胜仗,援军还没到,这军官的欺骗行为'正'还是'不正'?"

欧西德："正"。

苏格拉底："你的朋友欲提刀自寻短见之际,你将他的刀偷去了,这是'正'还是'不正'呢?"

欧西德："正"。

苏格拉底："你刚才说不正只可对敌人,不可对朋友,而现在怎么又对朋友了呢?"

欧西德："啊?"

机智的诡辩:以上对话,充分体现了苏格拉底机智的诡辩技能。他是凭自己早已运筹帷幄的理性知识,大智若愚地向对手提出问题,令对手在他设置的陷阱中屡屡出现自相矛盾、语无伦次,从而取胜。

语言诡辩从根本上讲是一种特殊的语言形态。它最独到的艺术表现力就在于寓突发性、针对性、讽刺性于巧妙的转换话题的手法中,并以此引发思辨者的逆向思维。

诡辩之所以能从辩论的体系中单列出来进行专题研究,这是同诡辩所要求的语言形式、语言结构和语言效果分不开的。

有人说,诡辩就是玩文字游戏。这句话要看怎么理解。一种是语言文字有失水准的人,在辩坛被斗败了后发出的喃喃唠叨;另一种是语言文字已达一定水准,并善于以其智谋发挥思辨能力的人的成功经验谈。

我们认为,世界上能够配得上"游戏"项目的领域比比皆是,信手拈来,更何况象征着人类文明与进步的文字领域呢?

再说,辩论所要求的语言表达就是要有相当的严密性和攻击力,如果一个被誉为辩坛高手的人不具备玩文字游戏的能力,恐怕连"徒有虚名"这4个字都不能冠给他了。

诡辩是为自己的思辨体系制造一种特定的氛围这种提法,是毋庸置疑的。这种氛围的最大功用就是给人的理念架构安上一个弹力器,既有利于调控,又有利于发挥,就像球场上教练员布置的"防守反击"战术一样,在为己方筑起坚固的防守城墙的同时,伺机向对方发起水银泻地般的进攻。所以,诡辩语言要做到简短而精悍,但是具杀伤力。

诡辩则是有理念的、靠人的特定逻辑思维酝酿出来的思辨战术的实际运用。

思维小故事

墙上的假手印

某公寓发生了一起杀人案。一个独身女性在三楼的房间里被刀刺死。卧室的墙壁上清晰地印着一个沾满鲜血的手印,可能是凶手逃跑时不留神将沾满鲜血的右手按到了墙壁上。"5个手指的指纹都很清晰,这就是有力的证据。"负责此案的探长说道。

当他用放大镜观察手印时,一个站在走廊口、嘴里叼着大烟斗、弯腰驼背的老头儿在那里嘿嘿地笑着。

"探长先生,那手指印是假的,是罪犯为了蒙骗警察,故意弄了个假手印,沾上被害人的血,像盖图章一样按到墙上后逃走的。请不要上当啊!"老人好像知道实情似的说道。探长吃惊地反问道:"你怎么知道手

印是假的呢?"

"你如果认为我在说谎,你可以亲自把右手的手掌往墙上按个手印试试看。"刑警一试,果然不错。请问:这位老人究竟是根据什么看破了墙上的手印有假呢?

参考答案

老人看到 5 个指头的指纹全部是正面紧紧地贴在墙上才觉得可疑的。因为手指贴到墙上时,拇指的指纹不应全部印在墙上。

两个叛徒

前苏联领导人莫洛托夫是个雄辩家,我们看看他是如何灵活地使用语言赢得胜利的。

莫洛托夫出身于贵族家庭,在一次联大会议上,英国工党有个外交官向他发难:"你是贵族出身,我家祖辈矿工,咱们俩究竟谁能代表工人阶级呢?"

面对英国外交官的挑衅,莫洛托夫以一个出色的外交官的姿态,不慌不忙地还以颜色:"对的,不过我们俩都当了叛徒。"

对方无话可说了。

精妙的诡辩:莫洛托夫诡辩手法之精妙,我们姑且也说他是玩文字游戏,那只能说明他玩此游戏的技艺太高超,高超得让人无懈可击罢了。

诡辩的语言结构大多出自丰富的想象力和逻辑推理,根据临场双方交手的形势优劣,灵巧地组织相应的逆向语言态势,在干扰对方思辨体系有效发挥的同时,亦使己方的观点悄然潜入他人之心,以达到"攻其一点,不及其余"的效果。

诡辩的表达形式由于是逆向型的,所以,通常多以反问、设问、自嘲、自诩等句型,通过生动的比喻或排比、形象的拟人或拟物等修辞手法,来加强语言的渲染力度。

由于诡辩是发散性思维、收题性思维和急智三要素综合组成的思辨体系,所以在语言上不求精工细雕、娓娓道来,只求言简意赅、言之有物。

打了两只兔子

两个猎人甲和乙,都打了两只兔子赶回家。

甲的妻子看了,不容分说就抱怨开了:"怎么就打两只?"

甲猎人一听,心中不悦,心想,你以为很容易打到吗?

第二天他故意空手回家,让妻子知道打猎是件不容易的事情。

乙猎人所遇到的情况恰好相反,他的妻子见他带回两只野兔,就喜欢地说:"咦,你竟打了两只!"

乙听了心中喜悦,心想,两只算得了什么!

第二天他打回了4只。

我们可以看到,一句赞扬话和一句埋怨话,引出两种不同的结果。称赞是表示欣赏及感谢,它能给人们带来喜悦的心情;板着铁面孔,再加上带刺儿的话,会使人扫兴。

美言的诡辩:美言诡辩就是通过对对方的思想、行为做出肯定的评价,以缩短心理距离,影响和改变某人的心理和行为,从而达到预定的目的的诡辩技巧。赞美是大家所喜欢的,赞美的词句会使人感到亲切、满意和鼓舞,因而听起来觉得入耳,它有助于建立友谊和交际成功。

同样是打了两只兔子,肯定和否定两种不同的评价得到的结果却是不一样的。

戴高乐的赞誉

有一天,上尉在巴黎舞会上邀请汪杜洛跳舞:"小姐,我有幸认识你,我感到荣幸和骄傲。"

这美妙的言词,对方听来无疑会感到愉悦。

汪杜洛小姐则投桃报李:"是吗,上尉先生,我不知道还有什么比你的话更动听,比此时此刻的时光更美好的了。"

他们一边跳着舞,一边倾诉着,当跳完第六支舞曲时,已经海誓山盟、私订终身。

这位上尉就是后来的法国总统戴高乐。

诡辩艺术:法国总统戴高乐与汪杜洛小姐的结合,与开头互相间的诡辩赞美词恐怕不无关系吧!美言赞誉的诡辩具有激励的作用。同样一件事,采取批评讽刺的态度远不及美言赞誉的激励有效。

思维小故事

逃犯与真凶

一场混乱的枪战之后,某医生的诊所进来了一个陌生人。他对医生说:"我刚才穿过大街时突然听到枪声,只见两个警察在追一个凶手,我也加入了追捕。但是在你诊所后面的那条死巷里遭到那个家伙的伏击,两名警察被打死,我也受伤了。"

医生从他背部取出一粒弹头,并把自己的衬衫给他换上,然后又将他的右臂用绷带吊在胸前。

这时,警长和地方议员跑了进来。议员朝陌生人喊:"就是他!"警长拔枪对准了陌生人。陌生人忙说:"我是帮你们追捕凶手的。"议员说:"你背部中弹,说明你就是凶手!"

在一旁目睹一切的亨利探长对警长说："是谁，一目了然。"

你能说出个中究竟吗？

参考答案

议员是真正的凶手。他进诊所时，陌生人已经换上了干净的衣服，并且吊着手臂，他如果不是凶手，不应该知道陌生人是背部中弹。

您具有圣人的品质

别看齐景公是国君,但跟孩子一样贪玩,最可笑的是他爱爬到树上捉鸟。

晏子想批评齐王使他改掉这个恶习。一天,齐景公掏了鸟,一看是小鸟,于是又放回鸟巢里去了。

晏子问:"国君,您干什么累得满头大汗?"

景公说:"我在掏小鸟,可是掏到的这只太小、太弱,我又把它放回巢里去了。"

晏子称赞说:"了不起啊,您具有圣人的品质!"

景公问:"这怎么说明我具有圣人的品质呢?"

晏子说:"国君,您把小鸟放回巢里,表明你深知长幼的大道理,有可贵的同情心。您对禽兽都这样仁爱,何况对百姓呢?"

景公听了这些话十分高兴,以后再也不掏鸟玩了,而是用更多是时间去关心百姓的疾苦。晏子顺利地实现了预期的说服目的。

诡辩术:使用美言诡辩术必须了解对方的嗜好、习性、脾气和情感。晏子抓住景公的心理弱点,选用景公真正感兴趣的事情进行赞誉,使景公感到非常合乎心意,达到了预期的效果。

另外,晏子使用美言诡辩术时,表现出了发自内心的诚意,而不是卑躬屈膝、阿谀谄媚、吹牛拍马。同时,晏子的赞誉也恰到好处,并没有说过了头;如果好话说过了头,就会给人以肉麻的感觉,引起对方的反感。

我不能骗你老前辈

商务印书馆在新中国成立初期，经营上不到位，工人有的时候领不到工资。

当时的董事长是张元济先生，他到上海市委找陈毅市长，要借20亿元（合后来20万元）以解燃眉之急。这位八十高龄的老先生比陈毅父亲的年纪还大，陈毅在小学时就听到过他的大名。但是，陈毅想，这笔钱不能借，可是如何回绝老先生呢？

陈毅直言不讳地说："如果说人民银行没有20个亿，那是骗你的。我不能骗你老前辈，只要打个电话给人民银行就可以送给你。你老这么大年纪，为了文化事业亲自跑到这里来，理应借给你，但我想，还是不借给你为好。20个亿搞到商务一下就花掉了。你们还是要从改善经营想办法，不要只搞教科书，可以搞些大众化的年画，搞些适合工农需要的东西。学中华书局的样子，否则不要说20亿，200亿也没有用。要你老先生这么大年纪，到处轧寸头，我很感动，不过我不能借这个钱，借了是害了你们。"

看看，不愧为外交官啊！把张元济说通了，他高兴地说："我完全接受你的意见，我不借钱了，你这话很爱护我们商务，使我很感动。"

直言诡辩术：陈毅在说辩中语气热情真挚，语言简洁明快，陈述事情直截了当，有一是一，有二是二，真实可靠，表明态度，心口如一，旗帜鲜明，不拐弯抹角。陈毅运用了直言诡辩术，不仅取信于张元济，而且得到了较好的交际效果。特别是处理一些让人棘手的问题，更能显示其威力。

运用直言诡辩术时，纵使你不能满足对方的请求，也能维护友谊、获得谅解。

你们应该受到尊重

有一群飞行基地的警卫战士,由于一些小事对领导很有意见。上级政治部荆主任带工作组前往调查处理。

在那里,他和50多人谈了话,听到不少刺耳之言。

临走,他向战士们掏了一堆心窝子话,表了个态。他说:"大家发了些牢骚,但是任务完成得还是很好,这就不简单。将心比心,如果我在警卫连当兵,不一定能干得这么好;如果我遇上胡指导员那样的家庭困难,不一定能处理得那么好。在警卫连当兵吃亏多一些,必须承认。可是,吃亏的事总得有人干。上级把你们放在这里,是对你们的信任,你们应该受到别人的尊重。"

一席话说得大家心里暖融融的。原来,战士们以为主任又要讲一番大道理,教训他们了。听了这些话,大家说:"领导理解大家,如果我们干不好,那可不行。"

直言诡辩:由此可见,荆主任坦白地向战士们亮底牌,不但把所掌握的实情全部说出来,同时还透露出自己的动机及某些设想。这是获得对方同情、理解的好办法。当需要战士们理解的时候,用直言诡辩术,能换取战士们的信任和支持。

古人曰:"精诚所至,金石为开。"这种同志间的以心换心、以信任换信任的直言方式,能达到肝胆相照的效果。当你处理问题时,用直言诡辩术能显示出你公正鲜明的立场。由此可见,面对矛盾,采用直言诡辩术比委婉的方式有时效果要好得多。

危险了！危险了

战国时,有个女人长得很难看,名字叫无盐。一天,她要见齐王。

齐王见她丑陋异常,故意问:"我宫里的嫔妃已齐备了,你想到我宫中,请问你有什么特殊的本事吗?"

无盐直率地回答:"没有,只是会点隐语之术。"随后,她举目咧齿,手挥四下,拍着膝盖,高声喊道:"危险了！危险了!"反复说了四遍。

齐王及左右大臣皆被吓得毛骨悚然。

齐宣王赶紧追问隐语之术,无盐解释说:"举目是替大王观察烽火的变化,咧齿是替大王惩罚不听劝谏的人,挥手是为大王赶走阿谀进谗之徒,拍膝是要拆除专供大王游乐的渐台。"

"那么,你的四句'危险'呢?"

"大王统治齐国,西有强秦之患,南有强楚之仇,大王又爱奉承之徒,这是第一个危险。您大兴土木,高筑渐台,聚集大量金玉珠宝,搞得百姓穷困,怨声载道,这是第二个危险。贤明者躲藏在山林,奸邪的人立于朝廷,想规劝您的人见不到您,这是第三个危险。您每日宴饮游乐,外不修诸侯之礼,内不关心国家治理,这是第四个危险啊!"

齐王听罢,不由得不寒而栗,感慨道:"无盐的批评太深刻了,我确实处于危险的境地。"

于是齐王纳无盐为王后,齐国从此大治。

危言诡辩术:无盐劝说齐宣王,先用四句"危险"引起齐宣王的注意和警惕,也就是先下批断之语,一语惊人;然后,再逐一分析,阐述"危险"的事实根据。

危言诡辩术,其关键在于一个"危"字。要在"危"字上大做文章,然后才有耸听的可能。

危言诡辩术的目的是借说"危言"以引起对方的警觉和注意,但是,所说的危言并不是信口胡说,必须有一定的事实依据。

危言诡辩术就是以可能性为根据,运用逻辑推理的方法,把对方的某一观点、某一行动可能产生的后果加以适当的夸张,故意把问题说得十分可怕,使人怦然心动、震惊愕然,借以引起对方的注意和思考,修改自己的言行,这样便能顺利地达到自己的目的。

运用危言诡辩术,起始下批断的语言,要求一语惊人,令人欲罢不能,继而寻根究底地追问下去,从而使自己的言辞犀利而达到诡辩之目的。

我没看见假山

宋益王赵元杰,在府中造假山,花费银子数百万两。

造成之后,便邀集宾客同僚尽兴饮酒,一起观赏假山。

大家都酒酣耳热,兴致勃勃,唯独姚坦低头沉思,对假山连看也不看。这引起了益王的注意,益王强迫他看。

姚坦抬起头来,说:"我只看见血山,哪来的假山?"

益王大吃一惊,连忙问其原因,姚坦说:"我在乡村时,亲见州县衙门催逼赋税,抓捕人家父子兄弟,送到县里鞭打。此假山皆是用民众的赋税造起来的,不是血山又是什么?"

宋益王听了姚坦的话,便把假山拆掉了。

精辟的诡辩:姚坦把假山说成"血山",似耸人听闻,但他是以耳闻目见的事实为根据,因而才有如此强烈的效果。如果他只是信口胡说,或许就要大祸临头了。

少了你地球还转

在论辩中,我们可以不直接用我们的话来回击对方,可以借用对方的言论来作答,这就是借言诡辩术。

有一位工程师在单位里受排挤,要求调动工作。这个单位的领导不仅不从自己身上找原因,反而振振有词地说:"走就走,少了你地球就不转了?"

这时,这个工程师反问道:"不错,少了我地球照样转,不过请问,少了你地球转不转呢?"

借言诡辩:这一问恰到好处。既然少了我地球照样转,少了你地球也照样转,少了任何一个人地球都照样转,那么,对方"少了你地球就不转了"的攻击性言辞就显得毫无意义,如同说了一句废话。

工程师这里巧借对方问话,一举便击中了对方的要害。要用好借言诡辩术,就必须善于捕捉对方可以借用的话语来为我所用。

思维小故事

牙科诊所

伊大林·威廉斯医生在郊区的一幢大楼里开了家牙科诊所。

"多萝西·胡佛小姐昨天下午3点多钟来到威廉斯诊所镶牙。"巡警温特斯说,"就在医生给她的牙印模时,门轻轻地被推开了,一只戴着手套的手伸进来,手中握着手枪。"

"威廉斯医生当时正背对着门,所以只听两声枪响,胡佛小姐被打死了。在案件发生一个小时后,我们找到了嫌疑犯。"

"开电梯的工人说,他在听到枪声之前的几分钟,把一个神色慌张的人送到15楼,那个地方正是牙科诊所。据电梯工描述,我们认为那个人正是假释犯伯顿,他曾因受雇杀人未遂而入狱。"

警长哈利问:"把伯顿那家伙抓来了吗?"

"已经抓来了。"温特斯答道,"是在他的住所抓到的。"

哈利提审了伯顿,开头就问:"你听说过威廉斯这个人的名字吗?"

"我没听说过。你们问这干什么?"

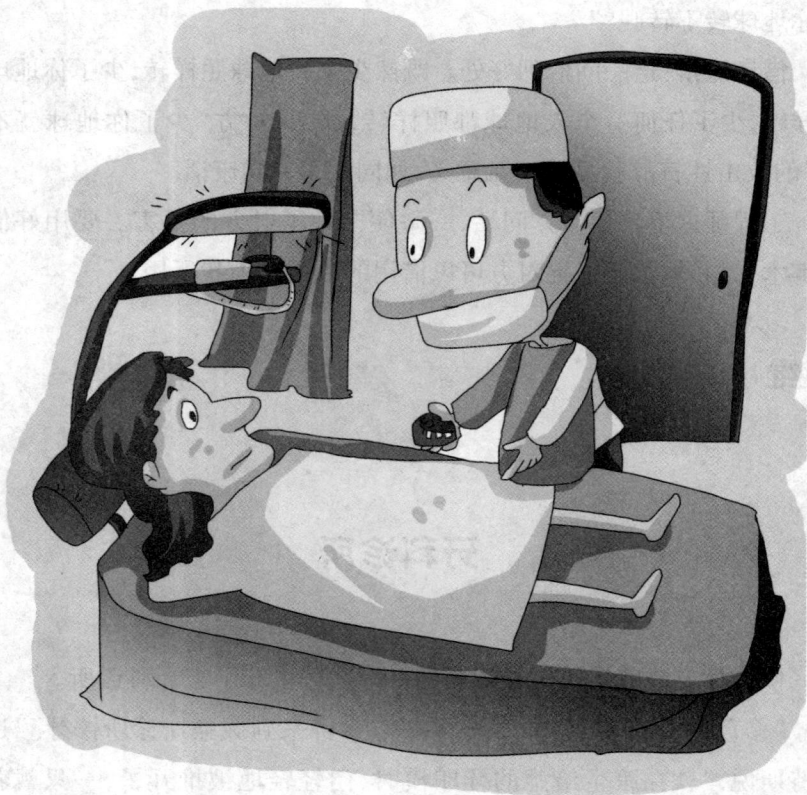

哈利佯装一笑："不为什么,只是两小时前,有位名叫多萝西·胡佛的小姐在他那里遇上了点麻烦,倒在血泊中。"

"这关我什么事?整个下午我一直在家睡觉!"伯顿说。

"可有人却看见一个长得像你的人在枪响前到 15 楼去了!"哈利紧逼了一句,目光似剑。

"不是我,"伯顿大叫,"我长得像很多人。"他接着又说,"从监狱假释出来我从未去过他的牙科诊所。至于威廉斯,我敢打赌这个老头儿从来没见过我。他要敢乱咬我,我跟他拼命!"

哈利厉声道:"伯顿,你露马脚了,准备上断头台吧!"

你能猜出罪犯的申辩中何处露了马脚吗?

参考答案

罪犯声称自己从未听说过威廉斯,却又知道他是牙科诊所的医师,还知道是个老头儿。哈利由此断定,电梯工说的那个人就是曾受雇杀人的伯顿,他又在重操旧业。

君王的忧虑

某年郑国着了一次大火。不少敌人想进入,为防止歹徒在乱中进攻,子产就分发武器来加强戒备。

没想到,这一来邻国晋国驻守边境的官吏竟指责说:"郑国有了火灾,晋国的国君、大夫都不敢安居,占卜占筮,奔走四方,遍祭名山大川,不敢爱惜牲畜玉帛,郑国有了火灾,是寡君的忧虑。可是,执事您却大发武器登上城楼,究竟打算拿谁治罪?边境上的人都为此害怕,不敢不向您报告。"

子产听后回答说:"正像您说的那样,敝邑的火灾是君王的忧虑。敝邑的政事不正常,上天已降下火灾。我们更害怕邪恶的人乘机打敝邑的主意,再次对敝邑不利,更加重君王的忧虑。如果将来有幸不被灭掉,那还可以解释;如果将来不幸被灭亡了,那么,君王即使为敝邑忧虑也来不及了。郑国如果遭到别国的攻击,只有希望取胜或投奔晋国。现在我们已经臣服了晋国,哪敢三心二意啊?"

无懈可击的诡辩:郑国的举措纯属内政,别国原本无可非议。可是当时晋强郑弱,得罪不起。所以,子产在回答时充分注意避免激化矛盾;而且,为了巩固双方的"和平共处",他巧妙地把分发武器以防备"乘机打敝邑主意之人"的正当理由与对方的话挂上了钩。

经过解释,不但字字在理,而且处处为对方所言的君王忧虑着想,实属滴水不漏,无懈可击;又在结束语进一步说明郑国对晋国的依赖关系和忠心不二,从而有效地打消了对方的疑虑。

这出戏演得好

抗战前,晏道纲被调到陕西任参谋长,其实蒋介石是派他去当监军"剿共"去了。

晏道纲俨然以蒋的化身自居,趾高气扬。对此,东北军将领深为不满,但又敢怒而不敢言。

在一次晏出席的宴会上,正当大家尽情酬酢、举杯畅饮之际,忽见东北军的一位军长王以哲连喝两大口酒,把酒杯往身后一掷,前仰后合,一副醉态。

他推开搀他的人,醉醺醺地说:"不要拉我,让我讲几句话,我们的老家在东北,被日本鬼子占了! 我们以为委员长能领导我们打回老家去。我们从东北到华北、华中,这次又到了西北,辗转数千里,无非是想实现打回老家去的愿望! 谁想,到陕西打仗,损失得不到补充,牺牲的官兵和家属得不到抚恤,阵亡者的遗族流落西安,一点救济都没有。张学良的处境更让人伤心,他每月的特支费才10万元,还赶不上胡宗南一个师长,真令人悲伤啊!"

王以哲说着就号啕大哭,泪流满面。在座的东北军将领无不感到悲痛和义愤,而晏道纲坐在席位上十分尴尬,不知所措。在回家的路上,王以哲突然问随从:"你看我这出戏,做得怎样?"

随从始而吃惊,继而恍然大悟,说:"好极了,不但代表我们东北军慷慨陈词,也代表张副总司令倾吐出无法说出的话,好!"

醉言诡辩:真是"醉翁之意不在酒",王以哲并没喝醉,只是借酒撒疯,说话给晏道纲听的。他把长期积在东北军宫兵心中的郁闷,把对蒋不抗日反而借"剿共"消灭异己的强烈不满,以及对前途的担忧,一股脑儿地发泄了出来。

这些话,在国民党反动派统治下,是"犯禁"的,在其他公开场合绝对不敢说。然而,王以哲利用酒席这个特殊的场合,不但说了,而且把对手置于有口难辩的境地。

可见,在现实生活中,在那些人际关系不够正常,或民主生活不能正常开展的地方,这种醉言诡辩术仍能派上用场,如果运用得当,定会收到一定的效果。

诡辩者在特定的场合中,"借醉"而言,达到传递信息、抒发胸臆的目的,这就是醉言诡辩。醉言诡辩术是一种在特殊情况下的语言表达方式。

它是人际关系处于复杂尖锐状态时的产物。迫于人际关系的复杂性或客观环境不允许直言时,要达到既把心里话吐出来,又不至把关系搞僵而使自己受到危害的目的,"醉说"正是在这种情况下才出现的。

它是"假戏真做"、曲折迂回的表达方式。也就是说,它是逢场作戏,意在以醉态做掩护,"吐真言"是目的。"醉言"带有强烈的感情色彩和相当的刺激性。因醉言是受压抑心情在醉态时的宣泄,所以感情浓烈,无所顾忌。

正因为醉言诡辩术有以上特点,所以它在交际过程中,能起到正常表达方式所难以起到的作用。

我是窝囊废

某造纸厂进行人事制度改革,对中层干部进行聘任上岗。

榜贴出后,大家都看着有能力、有技术的技术员小黄。然而由于某种原因,他正在犹豫不决。

一位老工人走了过去,直言相激:"小黄啊,厂里花那么多钱送你去上大学,你不是个优等生吗?大家巴望着你出息呢,没想到,你连个车间主任的位子都不敢接,你真是个窝囊废!"

"我是窝囊废?"老工人话音未落,小黄就跳了起来,说,"我非干出个样儿来不可!"他当场决定竞聘车间主任。

直激诡辩:激将诡辩,就是一种有意识地运用刺激性语言,激发对方自尊以使之振奋的诡辩技巧。正如俗话所说,"劝将不如激将"。

激将诡辩术用得适当,能激起对方同情、反感、尊敬、蔑视、悲愤、欢乐等肯定或否定的感情,从而使对方形成与自己相同的观点,达到相辅相成的目的。

直激法,就是面对面直出直入地贬低对方,刺激之,羞辱之,激怒之,以达到使他"跳起来"的目的。

偏激法,就是有意识地褒扬第三者,以暗示的方式贬低对方,从而激发对方奋起向上超越第三者的决心。三国时,诸葛亮说服孙权共同抗曹,就运用了这种方法。

实际上,夸耀旁人,在客观上就等于贬低了对方,使其自尊心受到刺激。为恢复失去的心理平衡,被刺激者必然奋起直上,压倒自己的对立面,这样就使说者的目的得以圆满实现。

思维小故事

选择起诉的地点

康妮小姐因车祸失去了四肢,撞倒她的是美国"全国汽车公司"制造的汽车。在法庭上,尽管有 3 个目击者证实:虽然司机踩了刹车,但汽车没有停住,而是后部打了个转,把人撞倒了。但全国汽车公司的律师马格雷先生利用警方所掌握的刹车痕迹等许多证据,巧妙地推翻了这些目击者的证词。

而康妮小姐却说不清是她自己在冰上滑倒了,还是被卡车后部撞倒的,只知道自己被卷进卡车底下,碾碎了四肢和骨盆。就这样,她败诉了。

纽约大名鼎鼎的律师詹妮芙·帕克小姐决定出庭为康妮小姐辩护。通过全国计算机中心查明:该汽车公司生产的汽车近 5 年来共出过 15 次车祸,原因全都一样——产品的制动系统有缺陷,急刹车时,车子的后部会打转。随后她又设法搞到该公司卡车生产方面的全部技术资料,做了细致的研究。

詹妮芙找到全国汽车公司的律师马格雷先生,向他指出:在上次审理过程中,马格雷隐瞒了卡车制动装置存在的问题,而她将根据新发现的证据并以对方隐瞒事实为理由,要求重新开庭审理此案。

马格雷愣了一下,马上问她:"那你希望怎么办呢?"

詹妮芙说:"我希望能找到一种合理的解决办法,稍稍弥补一下那可怜的姑娘遭到的损失。汽车公司得拿出 200 万美元给那位姑娘。但如果你逼得我们不得不去控告的话,我们将要求 500 万美元的抚恤金。"

马格雷说:"好吧!明天我要去伦敦了,一个星期后回来。到时候,我也许会做出某种安排的。"

谁知到了约定的那天,马格雷却让秘书打电话给詹妮芙,说他整天开会,无法脱身,请她原谅。詹妮芙忽然想起诉讼时效的问题,一查,康妮案件的诉讼时效恰好在这一天届满。她知道自己上当了,但她还是给马格

雷挂了个电话。

马格雷在电话里哈哈大笑说："小姐,诉讼时效今天过期了,谁也无法控告我了! 请转告你的当事人,祝她下次交上好运。"

詹妮芙气得浑身发抖,她抬头看了看墙上的钟,已经是下午4点了。如果上诉,必须赶在5点以前向法院提出。她问秘书："你准备这份案卷需要多久?"

秘书说："需要三四个小时。"

"全国汽车公司不是在美国各地都有分公司吗? 我们在旧金山对他们提出起诉,以后再提出需要改变审判的地点,那里现在是下午1点钟。"

"来不及了。文件都在我们手上,即使我们在旧金山找到一家律师事务所,向他们扼要地说明事实,再由他们草拟新文件,也决不可能在5点钟之前完成"

急中生智,詹妮芙终于想出了一个好办法为诉讼赢得了宝贵的时间。最后结局是:詹妮芙小姐胜诉,全国汽车总公司赔偿康妮小姐600万美元。

你知道她想出了什么办法吗?

参考答案

她想到把起诉地点往西移,隔一个地区就差一个小时。夏威夷和纽约差5个小时,在夏威夷控告,就能赢得半天的控诉时间。

那,现在呢

一个化工厂开设了食堂,但办得不好,工人有意见。

一天,刘书记叫来转业干部、行政科高科长到食堂来,见工人们又敲筷子又敲碗,骂骂咧咧的情景,然后说:"老高,你的老部队在新疆吧?"

"是的。"

"你在部队是优秀炊事员、优秀司务长?"

"是的。"

"你当军需股长时立过二等功?"

"是的。"

"那,现在呢?"

老高低下了头。

刘书记说:"咱不说别的,就说为转业干部的声誉,你也不能把工作放松到这一步啊!难道你连个伙房都搞不好?!"

第二天,老高就像变了个人,下伙房亲自抓。两周后,食堂大变样。

激将诡辩:由此可见,这种暗激的激言,对那些在思想上、工作上曾经有过光辉一页的人是十分有效的。

暗激法:就是有意识地褒扬对方光荣的过去,从而激起他改变现状的决心。

导激法:激将有时不是简单的否定、贬低,而是"激中有导",用明确或诱导性语言,把对方的热情激起来,引导到你希望的方面上来。

总之,激将诡辩术就是这样一种利用人的自尊心强的特点,用明的或暗的、直接的或间接的语言刺激,诱导对方努力维护自己尊严、奋发向上的方法。

当然,激将诡辩术的成功也是有条件的——要看对象。运用激将诡辩术时,必须首先对对方的思想和性格有大致的了解。"激将,激将",对方必须是一员"将"。

对方必须是那种自尊心、荣誉心极强的人。应看时机,要恰到其时,才能取得最佳效果。

注意分寸。激励在用词上要讲究,既不能没有锋芒、不疼不痒,又不能太刻薄,使对方反感、产生对抗心理。

总之,激将之言要辩证地把褒与贬、抑与扬有机地结合起来,才能达到诡辩者的预期目的。

我有四脏

古代有个壮丁十分贪杯,常常喝得酩酊大醉。

朋友都很痛心,一再劝他不要滥饮,可是他就是听不进去。大家商量来商量去,决定设一条妙计,吓唬他一下,也许能吓住他。

一天,当他大醉大吐之后,朋友们弄来一块猪肝,沾些污物,给他看过,说:"人有五脏才能活命,现在你喝酒无度,吐出一脏,只有四脏了,生命已经十分危险,今后不要再喝了。"

哪知这人人醉心不糊涂,他故意撒酒疯:"唐三藏都能上西天取经,何况我还有四脏呢!"

谐音诡辩:谐音诡辩术是把这些在意义上毫不相干的词语捏合在一起,造成同一语音形式的词相互干涉、相互抵触,达到论辩的胜利。酒鬼运用谐言,把"藏"与"脏"牵扯到一起,令朋友们无可奈何,充分显示了这酒鬼机智的辩才。

位子让我来坐

3个朋友好久没聚一聚了。

一天,他们来到一家小酒店喝酒,店里只剩下一个空位子,3个人各不相让,争吵不休,最后商定:谁吹的牛大,谁就坐这个位子。

3个人中有一个是瞎子,他抢先说:"我目中无人,该我坐第一位。"

另一个是矮子,他说:"且慢,我不比常(长)人,应该由我坐。"

第三个人是驼背,他不慌不忙地说:"你们都别争,其实,你们都是直背(侄辈)的,这个位子,理所当然让我来坐。"

谐音诡辩:3个人皆用谐音诡辩术,真是各有千秋,难分上下。运用谐音诡辩术,还可以起到讽喻的作用。

不苦,有些涩

有个姑爷很善辩,一次同媳妇一块儿到老丈人家去串门。老丈人是个吝啬鬼,在午餐席上只摆盘生柿子和几样素菜。姑爷伸手拿过生柿子连皮一块儿吃,媳妇在屋里看见了,告诉他这样吃太苦。姑爷一边吃,一边回答说:"苦倒不苦,只是有些涩(啬)。"

同音诡辩:苦涩的"涩"与吝啬的"啬"同音,姑爷借此讥讽老丈人的吝啬。他吃柿子连皮一起吞,逗引她媳妇发问,以讥讽他的老丈人。

在词语的选择上,姑爷也挺会斟酌的,不说柿子苦,而说涩,旨在运用谐音双关。虽然嘴受了点罪,却达到了讥讽别人的目的,还不显得鲁莽无礼,足显其机智了。

是狼还是狗

大家都知道纪晓岚与和珅同朝为官,纪晓岚任侍郎,和珅任尚书。

有一次,二人同饮,和珅指着一只狗问:"是狼(侍郎)是狗?"

纪晓岚非常机敏,意识到和珅是在辱骂自己,就给予还击。

他泰然自若地回答道:"垂尾是狼,上竖(尚书)是狗。"

完美诡辩术:这里"是狼"与"侍郎"谐音,"上竖"与"尚书"谐音,和珅用谐音攻击纪晓岚,自以为聪明卓绝,没想到纪晓岚用同样的诡辩术,以其人之道,还治其人之身,狡猾的和珅没有占到半点便宜。

见机(鸡)行事

古代有个富人,有几亩地不想自己种,就租给张三耕种,每亩不收租金,只要一只鸡。

张三将鸡藏在身后,地主就作吟哦之声道:"此田不给张三种。"

张三忙将鸡献出来。地主又吟哦道:"不给张三却给谁?"

张三问其故,地主道:"开头是无稽(鸡)之谈,后来是见机(鸡)行事啊!"

谐音诡辩:地主巧用谐音,使他在事情发生突然变化——张三献出鸡后,能够迅速应变,圆满解决了双方关系的短暂失衡,又挽回了自己的面子。运用谐音诡辩术,还可以使你在诡辩中灵活地驾驭语言,显出智慧。

且 慢

《晏子春秋》中记载这样一个故事。

齐景公喜欢打猎,王宫的后花园里养着很多鸟。

有一天,齐景公走进后花园,发现几只珍贵的鸟不见了,便赶忙去问管鸟人烛邹。烛邹不知道鸟飞走的原因,显得非常惶恐。

　　齐景公很恼火，便令官吏斩烛邹。被抓走时，烛邹苦苦哀求免死。站在一旁的国相晏子于心不忍，说："且慢！烛邹有三大罪状，请允许我当面逐条斥责他，然后再处死。否则太便宜他了。"

　　景公同意后，晏子指着跪在地上的烛邹说："你为国君管鸟，却让鸟飞走了，这是第一条罪状。我们的国君是个仁慈的人，现在被迫叫他杀人，这是第二条罪状。如果这事传出去，给诸侯各国的人听到了，他们一定会批评我们的国君看重鸟而轻视人，这名声多难听，这是你的第三条罪状。"

　　之后，晏子侧过身来对景公和卫士说："现在可以把他押下去问斩了。"

　　"且慢！"齐景公说，"先生的话我领会了，我听你的，放了他吧。"

　　反语诡辩：晏子实际说的是反话，表面上似乎在斥责烛邹的罪状，实际上是在批评齐景公"重鸟轻人"、毫无仁慈之心。

　　这种反语诡辩术的运用，既照顾了景公的面子，又把是非说得很清楚，致使景公承认了自己的错误。

　　巧妙地运用反语，不仅可以救人，还可以讽谏、劝导别人，充分表达了自己的正确主张。

思维小故事

克里斯蒂遇强盗

　　热闹非凡的生日晚宴，直到下半夜2点才结束。"夜深了，你这么孤身一人赶回去，我们可不放心。要不，让我们送你回去吧。"朋友夫妇热情地招呼车辆,要一起送阿加莎·克里斯蒂回家。

"谢谢,你们也很累了,不用送了。况且,我本身就是个侦探小说家嘛,难道还会怕盗贼?"

阿加莎·克里斯蒂笑着拦住朋友夫妇,独自匆匆地上了路。

这位英国女作家确实写过数十部长篇侦探小说,如《东方快车上的谋杀案》《尼罗河上的惨案》等,塑造了跟著名侦探福尔摩斯一样驰名全球的侦探赫尔克里·波洛的形象。可是,谁会料到,这天晚上,她本人也真的遇到了抢劫案。

当她独自一人走在那条又长又冷清的大街上时,突然,在一幢大楼的

阴影处,冲出一个个子高大的男子,他手持一把寒气逼人的尖刀,向阿加莎·克里斯蒂扑了过来。阿加莎·克里斯蒂知道逃是逃不了了,就索性站住,等那人冲上来。"你,你想要什么?"阿加莎·克里斯蒂显出一副极害怕的样子问。

"把你的耳环摘下。"强盗倒也十分干脆。

一听到强盗说要耳环,阿加莎·克里斯蒂紧锁的眉头舒展了。只见她努力用手护住自己的脖子,同时,她用另一只手摘下自己的耳环,并一下子把它们扔到地上,说:"你拿去吧! 那么,我现在可以走了吗?"

强盗见她对耳环毫不在乎,而是力图用手遮掩住自己的颈脖,显然,她的脖子上有一条值钱的项链。他没有弯下身子去拾地上的耳环,而是又下达了命令:"把你的项链给我!"

"噢,先生,它一点也不值钱,给我留下吧!"

"少废话,动作快点!"

阿加莎·克里斯蒂用颤抖的手,极不情愿地摘下了自己的项链。强盗一把抢过项链,飞也似的跑了。阿加莎·克里斯蒂深深地舒了口气,高兴地拾起了刚才扔在地上的耳环。

她为什么高兴?

参考答案

她保护项链是假,保护耳环是真,她在设法把强盗的注意力从耳环上引开。因为她的钻石耳环很昂贵,而项链是玻璃制品。

好　得　很

乐使优旃滑稽多谋,他喜欢用幽默讽刺的话,批评朝政。秦始皇死后,胡亥继位。他一上台便打算把整个咸阳的城墙油漆一新。这实在是一件劳民伤财的事。

有一天,优旃乘机问:"听说皇上准备油漆城墙,有这件事吗?"

"有。"胡亥说。

"好得很!"优旃说,"即使皇上不说,我也要请求这样做了。漆城墙虽然辛苦了百姓,而且要多派税捐,但城墙漆得油光光、滑溜溜的,敌人进攻时怎么也爬不上来,多好啊! 要把城墙漆一下不难,难的是,就是找不到一间大房子让漆过的城墙阴干。"

反语诡辩:优旃的一席反话,使胡亥打消了漆城墙的念头。巧为反语,还常常可以起到讽谏和激励的作用。

反语诡辩术,指诡辩者故意正话反说,违反逻辑规律或规则,以达到自己诡辩目的的诡辩技巧。

反语诡辩术是用反话来揭示其正言的好似反己,其实反他人的内涵,而反语是反自反性的偷换概念(即反语就是偷换概念的过渡或铺垫)。其合理性就是利用自然语言中自身包含的歧义,使其过渡成为合理化而达到其目的。

这种反语诡辩技巧,常使一些不明确的性质随主观的意思而改变。

北面而事之

读过鲁迅的《记念刘和珍君》的同学都知道,其中有这样一段文字:

"当三个女子从容地转辗于文明人所发明的枪弹的攒射中的时候,这是怎样的一个惊心动魄的伟大呵,中国军人的屠戮妇婴的伟绩,八国联军镇压学生的武功,不幸全被这几缕血痕抹杀了。"

读过《三国志·诸葛亮传》的人大多不会忘记这样一段文字:"将军量力而处之。若能以吴越之众与中国抗衡,不如早与之绝;若不能当,何不案兵束甲,北面而事之?"

反语诡辩:鲁迅文中巧为反语,正反杂陈,含义明显,"文明人"、"伟大"、"伟绩"、"武功"是反语,富有讽刺意味。

《三国志》这段话中,诸葛亮叫孙权投降曹操,当然不是真话。诸葛亮故意用反语相激,旨在使孙权痛下决断。说话论辩的艺术值得研究,韩非子《说难》的那个"说"字大有学问。以韩非子之才智,尚感到要说服别人接受自己的意见之难。可是却竟有人,偏能举重若轻,易如反掌地达到自己所要达到的目的,表达自己所要表述的愤懑和不平。

可见,巧妙地运用反语颇有几许耐人寻味的道理了。

观十里桃花,尝万家酒店

唐朝一男子名叫汪伦,家住安徽泾县桃花潭边的万村小镇。

他十分仰慕当朝的大诗人李白,又恨无缘相识,一直想寻个机会亲睹一下这位"诗仙"的不凡风采并交个朋友。

有一次,碰巧李白邀游名山大川到了皖南。汪伦寻思:有什么妙法可以结识李白呢?

他忽然想起李白一爱桃花,二爱喝酒,便灵机一动,给李白写了封邀请信。信上说:"先生好游乎?此地有十里桃花。先生好饮乎?此地有万家酒店。"

李白接到此信,欣然赶往桃花潭,来见汪伦。

二人寒暄后,李白说:"我是特地来观十里桃花、尝万家酒店的。"

汪伦这才告诉李白:"十里桃花说的是十里之外的桃花渡,万家酒店是指万家潭西一个姓万的人家开的酒店。"

李白听罢,才悟到自己"上当了",大笑不已。

就这样,李白在汪伦家盘桓数日,临别时,李白感激汪伦的一片盛情,特作了《赠汪伦》绝句一首相赠。

歧义诡辩:"十里桃花"可以表达出遍地桃花的含义,也可以表示某一潭水的名称;"万家酒店"可以表示酒店无数的意思,也可以表示店主人姓万的酒店。汪伦正是利用这种歧义现象达到热情邀请李白的目的。

歧义诡辩术是指论辩中利用自然语言的歧义性,巧妙地构成语言的圈套,以诱敌入彀、克敌制胜的诡辩技巧。

思维小故事

奇怪的两声巨响

一天,一艘豪华客轮航行在大西洋的途中,突然触礁沉没。

事前,该客轮曾经保有巨额航海险。失事后,承保的保险公司理应负赔偿之责,但在赔款之前,仍然需要对失事经过、原因等进行详细的调查。

保险公司请求王科长办理此案,但王科长正在办理另一起案件,就委派助手小李办理。

小李先向一位幸存的女旅客调查。女旅客说:"该轮触礁后,我便登上救生艇离开现场。远远望去,那艘豪华客轮正在逐渐下沉,大约隔了3刻钟后,突然听到'轰'的一声爆炸,轮船便完全沉没下去了。"

小李又问了好几位救生艇上的旅客,他们都是异口同声,回答相同。

后来又问到一位逃生的男旅客,他的答复与众不同。他说:"该轮触礁后,我因善于游泳,便独自跃入水中,向数里外的一座小岛游去。我一会儿仰游,一会儿俯游,大概游了一里多路程,便听到一声巨响,轮船开始沉没。大约再隔数秒钟后,又听到第二次爆炸声……"

"第二次爆炸声,你确定听清楚了?"小李接着问。

"是的,我确定先后听到了两声巨响。"

"你能断定这不是回音吗?"

"不是。假如是回音,应当大家都能听到。"

"真怪,为什么大家只听到一声巨响,唯独他能听到两声巨响?"小李觉得事必有因,顿时觉得案情复杂,难以定案,就暂时告别公司经理,回去向王科长汇报案情去了。

王科长听了小李的汇报,手摸下巴,略一思索,然后笑道:"救生艇上很多旅客只听到一声巨响,固然很对;那位游水逃生的男旅客,独自先后听到两声巨响也是不错的。此案就按我说的办就是了……"

小李听后,仍然不解其意,他摸着脑袋急着要求王科长解释其理由。

请问,王科长要说的理由是什么?

参考答案

声音在水中的传播速度比空中快5倍,所以男旅客在水里时光听到传得快的爆炸声,浮出水面时传来比较慢的爆炸声。

殡仪馆同意我同意

美国总统威尔逊曾经担任过新泽西州的州长。

一天,他接到来自华盛顿的电话,说新泽西州的一位参议员,即他的一位好朋友刚刚去世了。威尔逊深为震惊和悲痛,立即取消了当天的一切约会。几分钟后,他接到本州一位政治家打来的电话,"州长先生",那人结结巴巴地说,"我,我希望能代替那位参议员的位置。"

"好吧。"威尔逊对那人迫不及待的态度感到恶心,慢吞吞地回答说,"如果殡仪馆同意的话,我本人是完全同意的。"

歧义诡辩:威尔逊利用对方话中"参议员的位置"一词的歧义性,有意曲解对方的意思,把"在参议院里的位置"巧换成"在殡仪馆里的位置"既使自己摆脱对方的令人厌恶的要求,又揭露了那个人急不可待的权力欲。

运用歧义诡辩术时,语言的迷惑性及灵活性特别重要。

冰镇汽水俩五毛

三伏天气,太阳很毒,尤其是正午,谁都会感到热得难耐。

大树下有个小商贩在高声叫卖:"冰镇汽水俩五毛,来喝吧您哪!"

有一个外地的过路人听到了叫卖声,来到摊儿前说:"你给我拿两瓶。"小商贩立即打开两瓶递了过去。过路人喝完汽水,递给商贩伍角钱就要走。

小商贩说:"哎!别走,钱不够!"

过路人说:"怎么不够?你刚才不是吆喝'冰镇汽水俩伍毛'吗?"

小商贩说:"对呀!一瓶汽水儿'俩五毛',你喝了两瓶,应是4个伍毛,还差仨伍毛哪?"

过路人一听,顿时气得说不出话来,他又掏出一元伍角,瞪了一眼,狠狠地甩给小商贩。

诡辩伎俩:"冰镇汽水俩伍毛"可以做出两种不同的解释:一种解释是"两瓶汽水共五毛",另一种解释是"一瓶汽水两个伍毛"。这样,小商贩利用前一种解释吸引了顾客,利用后一种解释敲诈了顾客。

阳澄湖中发现浮尸

某年,在江苏阳澄湖口处发现一具浮尸。

地方照例呈报"阳澄湖口发现浮尸一具"到官府。

这件事被住在阳澄湖口岸的几户老百姓知道了,大家很不满意。因为官府一旦知道是这里出了人命案,就要验尸追查,怕惹出麻烦。后来,他们去请教师爷。

师爷叫人把呈报单拿来一看,灵机一动,拿起笔,蘸蘸墨,在呈报单的"口"字空中,加上一竖,改成"阳澄湖中发现浮尸"。偌大的阳澄湖发现浮尸,这同住在湖口岸的老百姓就不相干了。大家看了,个个拍手叫好。结果什么麻烦也没有。

偷梁换柱的诡辩:师爷巧改词语诡辩术,即把对方的辩词中的某个词语略加改动,产生一个新的意义,用于回击对方的方法。运用巧改词语诡辩术,所改动的词语要体现出"巧"来。

思维小故事

300万元旧钱币

一天,加拿大某市警察局的雷尼警长接到自称彼尔的人打来的电话。他报告说:他押运的那节车厢中的一只钱币袋被人抢走了,里面装着300万元旧钱币。许多国家都定期销毁一定数量的破旧污损纸币,以便发行同等数量的新纸币。销毁旧钱币是在非常秘密的状态下进行的,现在这么大笔的钱币被抢,可是个大案。

雷尼警长放下电话,马上带领助手赶到现场。可是除在靠近车门的地方发现了两支只抽了一半就丢掉的烟头以外,没有发现什么可疑的痕迹。

彼尔头发蓬乱,脸上有一道血痕,非常狼狈,他向雷尼警长讲述了他与歹徒搏斗的经过:"昨天上午7点半,我像平常一样,把站台上所有的东西装上了火车。这时候,我的上司用手推车推来了一个邮袋,对我说这个邮袋里面装的是要销毁的旧钱币,共300万元。他要我把这个钱币袋也装上火车,运到终点站以后,就交给站长。他还对我说,路上不要让任何人知道这件事。我就把它装上火车,并且放在我的小桌子下面,这样便于

重点看管。大约在 11 点 15 分,我正在准备下一站要卸下去的东西时,忽然听见有人在敲门,我就去开门了。”

“那么,你还记不记得那是一种怎样的敲门声?”

“先是轻轻地敲了两下,然后又重重地敲了三下。”

“你有没有问清来的是谁?”

“没有,因为我觉得来人可能是列车长,或者是列车员,绝对没有想到是坏人,因为我想这个车上除了我以外,没有任何人再知道这件事了。”

“那么你到底有没有看清楚进来的人是列车长还是列车员呢?”雷尼警长又问。

“进来了两个人,我根本不认识他们。这两个人都戴着面具,只露着两只眼睛!哦,对了,他们还戴着手套呢。”

“他们进来后干了些什么?”

“那个大个儿胖子进来后没等我说话,就一拳把我打倒在地,然后用绳子把我捆了起来。就在这个时候,那个瘦子从小桌下面取出了钱币袋,扔了下去……”

“那么,你脸上的那个口子是怎么回事呀?”

“被那个大个儿胖子手上的戒指划的。”

“哦,那他戴的是什么样的戒指呢?”

“戴的是金戒指,那上面好像还有一块蓝宝石。”

“你讲得真是太生动了,”雷尼警长笑着说,“来,抽支烟。”

“谢谢您,我不会抽烟。”彼尔说。

“你不会抽烟,为什么在那节车厢里会有两个烟头呢?”

“哦,对了,就是那两个人的,他们进来的时候,每人嘴里都叼着一支吸了一半的香烟。”

“他们待在车厢里的时候,你听见他们说了些什么吗?”

"没有,因为当时火车行走的声音真是太大了。"

雷尼警长微微一笑,说:"这个案已被我破了——案犯就是你!"

"雷尼警长,你可不能冤枉好人呀!"

后来,警察在彼尔家搜出了 300 万元旧钱币,并抓获了彼尔的一个同伙。

雷尼警长到底凭什么认为彼尔就是案犯?彼尔的话中有哪些漏洞?

参考答案

因为彼尔先说那两个人戴着面具,又露着两只眼睛,那他们怎么吸烟呢?另外,彼尔又说那天两个人戴着手套,并且说戒指把他的脸划伤,有手套怎么会看到戒指呢?更别说看到蓝宝石了。显然他在说谎。

你想关也没有对象了

"十年动乱"中,著名作家赵树理被关进牛棚。

有一天,看管他的造反派头头"胡司令"来收自传材料。赵树理用文言体简练地写了一张稿纸。

胡司令看了半天,看不懂,念又念不通,便发火地把稿纸往桌上一摔,说:"赵树理,你这叫自传?你活了六十大几,就这 200 多字能交代得了?"

"你说我哪里写的不对?"

"胡司令"眼一瞪:"写得太少,分量不够。"

赵树理讥笑道:"你说写多少才够分量,30 斤还是 50 斤?"

胡司令满脸发窘,把桌子一拍:"你老实点,再不老实,把你在这里关上 40 年不能出去！"

赵树理忍不住哈哈大笑："什么？40 年以后早已没有了赵树理，你想关也没有对象了。"

改词诡辩：赵树理巧改词语，令造反派无可奈何。运用巧改词语诡辩术，所改词语要贴切，不能牵强附会。赵树理在论辩中对所改词语加重语气，更加重点突出，起到一定的强调作用。

寸土不让

张作霖一次应日本人邀请去出席酒会。

在酒会上，这位东北"土皇帝"派头十足，威风凛凛，使在场的日本人大为不快。

日本人于是决计要当众羞辱张作霖，以发泄他们内心的积愤。

酒会场上，飘红流绿，人头攒动。酒过三巡，一个日本名流离席而去。不一会儿，他捧来笔墨纸张，定要张作霖当众赏赐一幅字画。他认为张作霖是"土包子"，斗大字不识一箩筐，必然会当众出丑。

不料，张作霖接过纸笔，竟不推辞。写完后，冷笑两声掷笔而去，旁若无人地坐回自己的席位。众人齐看，纸上写的是"虎"字，落款为"张作霖手黑"。张作霖的秘书凑近张作霖小声说："大帅，您的落款'手墨'的'墨'字下面少了个'土'字，成了'黑'字了。"

张作霖听了，两眼一瞪，大声骂道："妈了个巴子，你懂个屁！谁不知道在'黑'字下面加个'土'字念'墨'？我这是写给日本人的，不能带'土'，这叫'寸土不让'！"

在场的日本人听了，都傻了。

奇绝的诡辩：张作霖此举，对于一个军阀来说，真可谓奇绝了。关键词语是支配对方论点的核心,将它偷梁换柱,不但能取得难以言传的效果,而且还能有力地反驳对方。

思维小故事

顺子被关在几号房

一周前,推理小说作家江川乱山先生就住进了某饭店的 1029 号房间,埋头写作,闭门不出。他的女朋友——电视演员顺子来住了一宿。第

二天,她穿戴整齐地出了门。

意想不到的是,在等电梯时,一个戴着太阳镜的男人用刀子胁迫顺子,把她关进饭店的一间屋里。

那个男人给江川乱山打电话:"今天下午 3 点以前,把 500 万元钱放到中央公园喷水池旁的长凳上。如果报告警察,你的女朋友就别想活!"

顺子被堵上嘴,绑在椅子的扶手上,她上臂部被绑,手腕还能自由活动,不过不可能解开绳子。

案犯说吃了饭再来,便出了房间。看样子,他像一名落魄的艺术家,而且具有绅士风度。他说昨晚偶尔看见顺子进入乱山先生的房间,才起心绑架,并从今早开始一直监视着 1029 号房间。

顺子看了看表,1 点过 2 分,她已被关押了两个小时。她想尽早告诉乱山她被关押的地方,以便他来救她。被案犯带来时,她看见了门上的号码,并暗暗记下。床头就有电话,但手够不着,两脚也绑在椅子上,寸步难行。在绝望之时,她忽然急中生智,当手表走到 1 点过 5 分时,她用左手手腕,拼命把表撞向椅子扶手,经过数次撞击,表壳破了,时针也停下。

案犯回来后,顺子说:"我有个要求,想把我的表交给乱山先生。你把我绑在椅子扶手时,表撞到扶手角上。这块表是我生日时乱山先生送我的礼物。他见到表才会相信你,把赎金交给你;如果空着手去,他不会老老实实地把钱交给你的。

他从顺子手腕上解下手表,毫不怀疑地装进口袋里。

3 点钟前,乱山先生已从银行取出钱,乘出租车到了公园。他发现喷水池旁有一条长椅,椅子下扔着一个揉绉的购物袋。乱山捡起一看,里面有块手表和便条。

便条上写着:"手表是她的证明。把钱放入这个袋中,然后把袋藏到旁边的垃圾箱里立即走开。我在监视你,想暗算我可办不到!"

乱山先生看着手表,心里一阵不安,心想:"表壳被打坏了,时针停在

诡辩思维的陷阱

1点过5分上。被囚中,顺子受到了粗暴的虐待吗?如果真是这样,想得到赎金的案犯为什么又特意给我看这块表呢?他应该不让我担心顺子的命运才对呀!那么,这块表是她急中生智发出的求救信号吗?"

乱山先生不愧为推理作家,思考片刻之后,他惊喜地说:"啊,我知道了,顺子一定被关在自己住的那个饭店里的某间房中,而且,那间房屋的号码就是……"

乱山收起钱袋,快步走出公园,招手叫了辆出租车,飞速赶到饭店。

一到饭店,他直接奔向认定的房间。门锁着,敲门也没人应。乱山叫来经理,向他说明情况,把房门打开。果然,顺子被绑在椅子上!

那么,顺子被关在饭店的几号房?乱山是怎么推断出来的?

参考答案

顺子手表停在1点过5分,就是她被囚禁的房间号码。下午1点过5分,读作十三时零五分,于是乱山断定是13楼的1305号房间。

第三章　此起彼伏

这个城市里诞生的都是婴儿

非洲某国,有一个导游陪同旅游团到那里的一座历史名城参观。

游者问:"请问有什么大人物诞生在这个大城市吗?"

导游一下子茫然了,因为他根本不知道。但他非常机敏地说:"不!先生,这个城市里诞生的都是婴儿。"

旅游团里大家哈哈大笑。

实话实说诡辩:一个导游陪同参观团参观古城,却连古城历史上有哪些名人都不知道,这是一个很难堪的事情,但导游巧妙地用语言摆脱了困境,表现出他高超的诡辩技巧。

实话实说诡辩术可以帮助你回答一些不友好的提问,也可以帮助你回答一些不好直接回答的问题。

小孩儿长大后会成为什么样的人

有人向瑞士大教育家彼斯塔洛奇提出一个伤脑筋的问题:"你能不能看出一个小孩长大后会成为什么样的人?"

"当然能,"彼斯塔洛奇干脆地答道,"如果是个小姑娘,长大一定是个妇女;如果是个小男孩,将来准是个男人。"

诡辩艺术:有些问题虽然十分简单,却不容易回答。彼斯塔洛奇遇到的是一个无聊且棘手的问题,再高明的教育家也无法回答。但彼斯塔洛奇却用大实话来回击他。本来这个问题会使彼斯塔洛奇很难堪,但他却反而把提问题的人置于尴尬的境地。

公鸡夫人的孩子

某学院的一名学生第一次陪外宾赴宴就遇到了麻烦。

"这是什么?"外宾指着盆里的菜问道。

那是两个剥了壳的鸡蛋,经过厨师的艺术处理,几乎如同凤凰蛋一般。偏偏鸡蛋这个词怎么也想不起来,他灵机一动,笑着回答:"这是公鸡夫人的孩子。"

语毕,同桌的外宾不由得鼓起掌来,"Very good!"

机灵诡辩:这位学生实话实说,反而使自己的无知变成众人赞叹的幽默。对于一些别有用心的人,对他们提的问题,用实话实说诡辩术也可以奏效。在社交场合遇到别人提出类似的问题,则容易让人感到难堪。如果我们对别人的问题不予回答,则显得自己无知,同时也很不礼貌,但如果牵强附会，勉强回答，也会让人厌倦。

思维小故事

电扇飞转

4月上旬，巴黎集邮爱好者协会举办珍贵邮票展览，除了协会会员外，一般人不得入内。负责看守展品的也都是协会会员。在陈列的展品

中,有一些是价值连城的珍品。如果让外行人来参观或管理,就有丢失的可能。现在出入的人都是协会会员,集邮爱好者协会以为这样就能万无一失了。

不料还是出了事,有个负责看守展品的会员监守自盗,偷走了一张珍贵的邮票。协会主席只好向警方报案。

警长保罗带着人来侦破此案。他立即封锁整幢大楼,不让人进出。根据现场调查分析,住在三楼308号房间的佛朗西斯最可疑。

308号房间里有一张桌子、一个床头柜、一张沙发、一个衣柜,桌上放着一台电风扇。瘦瘦的佛朗西斯一见警长保罗带着警察进来,马上殷勤地打开电风扇开关,同时把床头柜、衣柜的门都打开,表现出心底无私的样子。

保罗警长也不客气,把这个房间里的所有东西都翻了个遍,每一条缝隙都不放过,但是并没有找到那张邮票。保罗发现,自己在进行搜查时,佛朗西斯的表情有点紧张,站在那台飞速旋转的电风扇前还不停地擦汗。保罗故意问:"你很怕热吗?"佛朗西斯咧嘴一笑,点点头。

这一来,保罗心中更有数了,他知道佛朗西斯把邮票藏在哪儿了。

请问,邮票藏在哪里?保罗警长是怎样知道邮票藏在哪儿的?

参考答案

才4月上旬,佛朗西斯就觉得热,那是心里紧张。佛朗西斯把偷来的邮票贴在风扇的叶片上,并打开风扇,使别人看不见邮票。

想挤牛奶要躬下身

有人嘲讽阿英："阿英,你受过高等教育,是个有身份的人。但你在那个粗鲁的阔佬面前为何低声下气呢?"

阿英："人类本来就是如此,你想挤牛奶,当然要在牛的面前躬下身来!"

巧妙诡辩:别人对阿英提出的问题,是想挑拨阿英与老板的关系,也是对阿英人格的污辱。而阿英却做了一个巧妙的比喻,瓦解了对方的攻击。

由此可见,对于一些简单而不易回答的问题,大多数人都自作聪明,搜肠刮肚、绞尽脑汁地想办法回答,其实这是一种得不偿失的做法。实话实说诡辩术,就是在论辩中对一些简单而不易回答的问题以实际的回答转换问题实质的诡辩技巧。实话实说诡辩术可以帮助你回答你不知道的一些问题。

我更喜欢吃英国饭

看看甲和乙的对话。

甲问："我们的意图是下次会议能在纽约召开,不知贵国政府认为如何?"

乙答："贵国饭的味道不好,特别是我上次去时住的那个旅馆更是糟糕。"

甲问："那么,您觉得我今天用来招待您的法国小吃味道如何?"

乙答:"还算可以,不过我更喜欢吃英国饭。"

看看,这话太厉害了!

言下之意诡辩:乙用"隐言"表达了自己希望在英国召开这次会议的想法。这不是故弄玄虚,有意做作,这是外交的需要。国与国之间的关系是十分复杂微妙的,外交家出言的得失,往往会产生相应的国际影响。

因此,外交家们为了在外交活动中占据主动地位,常常运用言下之意诡辩术,委婉地表达自己的意向。言下之意诡辩术指在论辩中,双方从自己的利益出发,有意不把话挑明,而用隐蔽、暗示的表现方式,把其意包含在词语中,委婉地表达自己的意向,让对方心领神会,即"言不到意到"的诡辩技巧。

事实上,言下之意诡辩术是一种留有余地的诡辩技巧。它在外交上,能很好地体现"原则性"与"灵活性"的统一,做到"进可攻,退可守",真可谓是"直道好跑马,曲径可通幽"。巧妙地运用它,具有调和气氛、试探对方以及随机应变的作用。

就这么一个女儿

小王要结婚了,团支部书记问他:"小王啊,你们的婚礼准备怎么办呀?"

小王不好意思地说:"我想简单点,可是,丈母娘说,就这么一个女儿。"

书记说:"咱们车间的小李、小张也都是独生女啊!"

微妙的诡辩:在这段对话中,双方都运用了隐语。小王没有说明要大操大办,但话里隐含了要大操大办的意思。书记也没有直接驳斥小王的意思,而是用了小李、小张新事新办的例子,曲折地表示了自己的看法,叫小王去体会、品味,达到心领神会的效果。

　　总之,这种"言下之意"的暗示运用得好,能收到微妙的交际效果。

思维小故事

被绑架的失明富家少女

　　一个双目失明的富家少女在一个炎热的夏日被绑架了。家人交付了赎金之后,她在 3 天后平安回到家。少女告诉警察,绑架她的好像是一对

年轻夫妇,她应该是被关在海边的一间小屋里。她详细地描述了自己的感受:"在这间小屋里能听到海浪的声音,也感觉得到潮水的湿气。我好像被关在小屋的阁楼上,双手被捆着。天气非常闷热,不过到了夜晚还是会有一点风吹进来,让我觉得凉快些。"

警察立刻在海边一带进行了彻底的搜查,找到了两间简易的小屋,它们相距不远,只是一间朝南,一间朝北。巧合的是,它们的主人都是一对年轻夫妇。不过这两间屋里都是空荡荡的,被打扫得干干净净,找不出一点可疑痕迹。

如果能够确定少女是被关在哪一间小屋,那么自然就可以确定绑架犯了。可是如何才能确定她被关在哪里呢? 警方一筹莫展,最后只能去请教名探波洛。

波洛在问明情况以后,立即做出了判断。

这些情况是:

(1)两间小屋的结构几乎完全相同。只是阁楼的小窗一个朝北,一个朝南;

(2)海岸面向海的方向是南面,北面对着丘陵;

(3)少女被关的两天都是晴天,而且一点风也没有。

那么,你知道少女被关在哪一间小屋里吗?

参考答案

少女被关在窗户朝北,即面对丘陵的那间屋子里。这从少女所说的"夜晚还是会有一点风吹进来"这句话可以得到证实。在海岸上,一到夜晚,陆地上的气温要比海面的温度容易冷却,这种凉的空气就从丘陵向海上流动,所以从朝北的小窗口吹来阵阵清风。反之,白天由于陆地很快变热,风就改从海上吹来,而在早晚气温相同的时候,海岸上就处于无风状态了。

还剩三条狗奴才

刘三姐是个既勤劳勇敢，又聪明美丽的女子。

有一天，恶霸莫怀仁梦想逼刘三姐成婚。刘三姐提出要按壮族的规矩对歌结亲，胜了成亲，败了莫再啰嗦。莫怀仁只好答应了，并请了陶、李、罗3个秀才前来与她对歌。双方对了许多歌，3个秀才都败下阵来。

莫怀仁贼心不死，想用最后一首歌难倒刘三姐。他唱道："姑忍受你且莫逞能，三百条狗四下分，一少三多要单数，分不清就是莫家人！"

刘三姐微笑着唱道："九十九条打猎去，九十九条看羊来，九十九条守门口，还剩三条狗奴才。"

佩服刘三姐吧？

一箭双雕诡辩：这样，刘三姐既把狗分开了，又把3个秀才痛骂了一顿，刘三姐用的就是一箭双雕诡辩术。运用一箭双雕诡辩术，应该有机敏的头脑、深邃的洞察力和一定的语言技巧，还要有一定的幽默感。利用语言文字的谐音、多义、多层次意义来做文章，言在彼而意在此。既不能太直太露，因为太直太露则缺乏艺术性、兴味索然，也易于被对方抓住辫子；又不能过于隐晦，要让人稍作思考后即能清楚地理解。

一箭双雕诡辩术，是论辩中凭借语音中的一语双关，或利用某个词的多音或多义，或者利用语句的表层意义和深层意义，用一种回答同时达到两个目的的诡辩技巧。

丹顶鹤那么美丽

某年秋天的夜晚，当时正在上海未回的齐齐哈尔市市委书记，应邀参加一个由齐齐哈尔市到上海学习的厂长和盐城来上海学习的学员组织的联欢会。

联欢会时，人们请齐齐哈尔市市委书记讲几句话。面对天南地北的这两部分人，市委书记说："齐齐哈尔的富拉尔基是著名的丹顶鹤的故乡。丹顶鹤是一种候鸟。冬天，丹顶鹤就要南飞，飞到哪儿去呢？飞到盐城，和那里的百姓一起过冬，第二年春又飞回齐齐哈尔。丹顶鹤就这样一年又一年地飞来飞去，早就把我们两地人民的心连在一起了，所以丹顶鹤那么美丽，既是齐齐哈尔的骄傲，也是全国人民的骄傲。我希望我们两地人民经常往来。我们要到盐城感谢当地人民对丹顶鹤的关照，也欢迎盐城的同志来丹顶鹤的故乡游览观光啊！"

话音未落，会场上爆发出热烈的掌声。

一箭双雕诡辩：齐齐哈尔市市委书记的一番话，牵动了两地情，用的也是一箭双雕诡辩术。面对一方来自天南、一方来自地北的人讲话，不能只向着哪一方。如果以齐齐哈尔市的人为主，就会怠慢了盐城的同志；而以盐城的同志为主，又恐辜负了"家里人"的期望。唯一的选择就是要做到对双方的情绪都要照顾到。这里，关键就是要找到一种能同时打动双方心灵的东西。

齐齐哈尔市市委书记找到的便是丹顶鹤，用这种美丽的鸟，表示了对两地同志的美好感情，又将丹顶鹤春来冬去的候鸟特征巧妙地与齐齐哈尔市和盐城的地理位置联系了起来。

一箭双雕诡辩术的运用方式多种多样，应当根据具体情况灵活运用。

有匹马下了头牛

在古代,某县有个县官,带着随员骑着马到王庄去处理公务,走到一个岔道口,不知朝哪边走才对。

正巧一个老农扛着锄头走来,县官在马上大声问老农:"喂,老头儿,到王庄怎么走?"

那老农头也不回,只顾赶路。县官大声吼道:"喂!"

老农停下来说:"我没有时间回答你,我要去李庄看件稀奇事!"

"什么稀奇事?"

"李庄有匹马下了头牛。"老农一字一板地说。

"真的?马怎么会下牛呢?"县官百思不解。

老农认真地回答道:"世上无奇不有啊,我怎知道那畜生为什么不下马呢?"

双关诡辩:对于这位问路时既不下马,还大声吆喝的县官,老农机智地运用了一语双关诡辩术来给予揭露和讽刺。他借字面上的李庄之马下了头小牛却不"下马"的"稀奇事",讽刺身为县官的大老爷连问路时该"下马"都不懂的咄咄怪事;借字面的"畜生",斥责连做人的常礼都不懂的县官。

一语双关诡辩,就是利用语言文字上的同音或同义的关系,有意使一句话具有双重意义:表面在说这件事,实际上指另一件事。

一语双关诡辩术既可以用来嘲讽,又可以用来委婉表明自己不便直言的观点。

思维小故事

哥哥还是弟弟

两位孪生兄弟——特威德勒兄弟站在一棵树下咧着嘴笑着。爱丽丝对他俩说："要不是你们的绣花衣领不同,恐怕我会分不清哪个是哥哥,哪个是弟弟呢。"

兄弟俩中的一个答道:"你应当运用逻辑推理的方法。"说罢,他从口

袋里掏出一张扑克牌，向爱丽丝扬了扬——一张方块皇后。"你看，这是一张红牌。红牌表明持牌的人讲的是真话，而黑牌表明持牌的人讲的是假话。现在，我兄弟的口袋里也有一张牌：不是红牌就是黑牌。他马上要说话了。如果他的牌是红的，他将要说真话；要是他的牌是黑的，他就要说假话。你的任务就是判断一下，他是特威德勒弟弟呢，还是特威德勒哥哥？"

正在这时，兄弟俩中的另一位开腔了："我是特威德勒哥哥，我有一张黑牌。"

请问，他是哥哥还是弟弟？

参考答案

因为这个人持黑牌，所以他说的是假话。他自称是特威德勒哥哥，所以他应该是特威德勒弟弟。

诡辩思维的陷阱

宰相合肥天下瘦；司农常熟世间荒

有相关史料记载，光绪三年(1877)，许多地方发生灾荒。

河北昌平(今北京市昌平县)等地为旱灾和蝗灾；浙江宣平为水灾；陕西沔县为雹灾；仅陕西高陵县，就"饿毙男妇三千余人"。民不聊生，哀鸿遍野。

当时，清王朝由李鸿章主政，翁同龢任户部尚书。李鸿章是安徽合肥人，翁同龢是江苏常熟人。

就这样有人用双关语编撰一副对联：宰相合肥天下瘦；司农常熟世

间荒。

双关诡辩术:联语巧妙地嵌入了他们两个人的官职、籍贯和"政绩"。联语中"肥"与"瘦","熟"与"荒",妙语双关,讽刺辛辣。运用一语双关诡辩术时,要考虑场合、时间等因素,最好能触景生情、信手拈来,这样不至于使人产生做作之感。运用一语双关诡辩术时,所用的双关词语要以对方心领神会为原则,否则,"孤芳自赏"就达不到预期效果。

你没有权利放弃科学

著名物理学家彼埃尔·居里和玛丽在结婚前,同在一个实验室工作,由于长期的合作、共同的追求和深切的了解使他们相爱了。

彼埃尔·居里对工作认真,对仪态典雅的玛丽更是一往情深。

一次,当玛丽因故要回波兰故乡时,彼埃尔·居里十分焦急,他对玛丽说:"你 10 月间还回来吗? 答应我,你还回来! 你没有权利放弃科学!"

玛丽完全听明白了彼埃尔含蓄而热切的语意,很感激彼埃尔对自己的真挚热烈的爱,便满怀深情地回答说:"我很愿意回来!"

双关诡辩:居里的话中所说的"科学"的含意是一语双关的:既包括科学事业本身,也包含居里自己! 玛丽对居里含蓄而热烈的表白自然心照不宣,激情难禁。而她的回答:"我很愿意回来!"同样是语带双关,她同样离不开科学事业和科学事业上的忠实伴侣居里。她愿早日回到居里的身边,回到科学研究的岗位上。

居里和玛丽,都机智巧妙地运用了一语双关术,委婉地表明自己的心情。这一语双关的一问一答,多么含蓄而又风趣地反映了这两位科学工作者真挚、热烈的爱情和高尚的修养与情趣。

一语双关诡辩术在论辩中具有双重作用：它能够使语言幽默含蓄，加深语意，引人思考，给人以深刻的印象；同时也可以表达自己对论敌的嘲讽，揶揄，令其手足无措，不得不服输。

谒者告诉我可以吃

《韩非子·说林上》中讲了这样一件事。

有一个客人贡献"不死之药"给楚王，他把药送到"谒者"那里，"谒者"捧着药入宫，遇见中射之士。

中射之士问："可以吃吗？"

"谒者"说："可以。"

中射之士便把进贡的药抢了过来一口吃了。

楚王问罪，中射之士狡辩说："'谒者'告诉我可以吃，并没有说只有大王可以吃，所以这不是我的过错，而是'谒者'没说清楚。"

吹毛求疵诡辩术：在生活中，吹毛求疵诡辩术的运用随处可见。其中有的是出于某种溺爱的严厉，比如，老师对学生或家长对孩子的苛刻要求；还有出于某种报复心理的。

总之，吹毛求疵诡辩术不仅有善意的，而且也有恶意的。其具体表现大都是在允许忽略的范围内刻意要求其精确。也就是说，在不必要精确的地方刻意要求精确。当然，我们不能在成语、谚语、歇后语等约定俗成的词语中吹毛求疵。否则，我们就会以今度古闹笑话。这种吹毛求疵是咬文嚼字、望文生义的错误。

吹毛求疵诡辩术，就是诡辩者钻对方语言的空子，在不必要精确的地方吹毛求疵，做出似是而非的议论。吹毛求疵总是在不必要精确的地方（即可以忽略的地方）要求其精确。

换言之就是钻空子。但是,往往不必要精确的地方一般又蕴含着某种精确的部分,这部分是完全可以利用的,尽管这种"利用"叫钻空子,那也是一种合理的利用,是不可指责的。人们为了简练,总是把不必要精确的地方省略掉,这是无可非议的。但是,精益求精哪怕是个幌子,那也是无可非议的。

故此,吹毛求疵诡辩术只要运用恰当,也可作为常用的诡辩技巧之一。

思维小故事

雨后劫案

吴志雄在午餐时间去拜访警局的刘队长,刘队长请他吃了一大碗的猪排饭,因为他正是为此而来的。刘队长无奈地摇摇头,自从他们认识以来,就没见吴志雄的生活好转过。

"这几天都没有什么重大的案件发生。前几天一位名字和我酷似的警员破获了一起枪杀案,媒体就大肆报道,真是不公平。我上次侦破的那件抢劫案,为什么就没有人来采访我呢?"吴志雄边舔着饭碗里的米粒边说道。

窗外忽然下起一阵大雷雨,驱散了街上的行人。不一会儿,雨停风歇,晴空中出现了一道亮丽的彩虹。

"哇,好漂亮的彩虹!"刘队长打开窗户,笑着说道。他所面对的正好是东西向的交通要道,彩虹一览无遗地呈现在他的眼前。

"说到彩虹……我想起来,基隆有一家海鲜店,那儿的红鱼很不错……"吴志雄边用牙签剔牙边说着。

就在那时，突然有几名歹徒闯入路旁一家珠宝店，抢了不少金戒指和几十条金项链。

刘队长火速赶往现场，详细调查了歹徒的特征与外貌，下令全面追查刚刚逃走的歹徒。过了半天，捉回来 3 名外形符合的嫌疑犯。

第一个嫌疑犯激动地说："什么抢劫？那是几点钟发生的事？5 点 30 分？我正在南公园附近的小吃店吃面，下雨时我躲了一会儿。雨停了，才走没多远就被抓了，为什么？"

第二个嫌疑犯说："突然下起大雷雨，我很怕闪电和打雷，所以去附近的咖啡屋避雨。等到雨停了，我走到教堂前忽然看到彩虹，就停下脚步观赏。因为看得太久，而且阳光又很刺眼，所以就离开了。但是却被警察抓来，真不知是为什么。"

第三个嫌疑犯也接着说:"我和女朋友在书店买书,因为下雨,只好一直待在店里。出来之后,我们就分开各自回家了。什么?要找我女朋友?别开玩笑了,她只是我在书店认识的小女孩,连她叫什么名字我都不知道。什么彩虹?我没看见,反正什么事我都没做。"

吴志雄一会儿双臂交叉,一会儿抓抓头发,一点头绪也没有。刘队长此时沉默了一下,断定这3个人中有一个人在说谎。想一想,你们知道是谁在说谎吗?

参考答案

强盗是第二个人,因为根据自然规律,彩虹的位置永远和太阳相反,所以看彩虹时绝对不会觉得阳光刺眼。

竹皮和竹肉

乾隆年间,净慈寺有个叫诋毁的和尚。名字和有意思吧?

此人聪明机灵,却心直口快,喜欢议论天下大事,且要讲便讲、想骂便骂。

乾隆皇帝对此人早有所闻,为了找借口惩治诋毁和尚,便化装成秀才来到净慈寺。

乾隆随手在地上捡起一块劈开的毛竹片,指着青的一面问诋毁:"老师父,这个叫什么呀?"

按照一般的说法,应叫"葭青"。但诋毁似乎意识到了什么,于是灵机一动,答道:"这是竹皮。"

乾隆原以为诋毁和尚会答"葭青"(与"灭清"同音),便可以对清政府不满的罪名立即处罚他,没想到他巧妙地绕过去了。

"老师父,这个又是什么呢?"

"这个嘛,"诋毁心里明白了,若回答"箴黄",则正中乾隆的计策,因"蔹黄"和"灭皇"同音。于是诋毁答道:"我们管它叫竹肉。"

呵呵,乾隆又失败了。

机智诡辩:诋毁和尚机智地采用不常用的"竹皮"、"竹肉"等词语代替了常用的"蔹青"、"蔹黄"等有犯忌触讳的词语,终于躲过了一场无妄之灾。构成意义相同或相近的词或语句的方式有许多,比如共同语与方言不同,像"太阳"与"日头";口语与书面语不同,像"溜达"与"漫步";古语词与现代语词不同,如"吾"与"我";构成词或语句的方式不同,像"演讲"与"讲演";等等,我们应根据具体的情况而灵活运用。

同义替换诡辩术就是根据论辩需要选用不同的语言表达形式,来取得论辩胜利的诡辩技巧。

后步比前步更高

乾隆皇帝有一次到镇江金山游览。

方丈派了一个能说会道的小和尚做向导。

这个小和尚陪同乾隆上山时,说:"万岁爷步步高升。"

乾隆有意试试他的口才,下山时故意问小和尚:"你在上山时说我步步高升,现在你看怎么样?"

小和尚不假思索,立即答道:"万岁爷后步比前步更高。"

双关诡辩:小和尚为了避免"步步下降"这种触忌犯讳的语句,改变了观察事物的角度,从后步与前步相比来分析。后步既可指下山时在后面的脚步,又可指皇上的未来前程。用这样暗含双关的语句代替步步下降,巧妙地渡过了一道难关。

思维和语言并不是一对一的。有时同一个语句可以表达不同的思维内容,有时同一个内容又可用不同的语句形式表达,这时,它们表达的内容虽然相同,但表达的效果并不完全一样。使用同义替换诡辩术可以满足我们论辩中回避忌讳的需要。另外,恰当地使用同义替换诡辩术还可以使我们的论辩语言富于变化,增强语言的感染力。

五大天地

曾经有个贪官,就在他离位时,有个老百姓送给他一块德政匾,上面写着"五大天地"4个字。

贪官看后还非常高兴。好多人不太明白,问那人这4个字是什么意思。

那位老百姓解释为:"他一到任时,金天银地;在内署时,花天酒地;坐大堂断案时,昏天黑地;百姓喊冤时,怨天怨地;如今离任了,谢天谢地。"

词语别解诡辩:"五大天地",初看起来是褒扬的意思,可经那老百姓一解释,马上变成一个贬义词。他正是通过对"五大天地"含义的特殊解释,辛辣地讽刺了离任的赃官。词语别解术一个词语可能具有多种含义,不同的语境表达不同的意思。

词语别解诡辩术就是诡辩者根据词语多义性的特点,把别人话语中的某个词语赋予另外一层含义,以达到论辩取胜的诡辩技巧。

思维小故事

谁偷了我的房间

小哈升职了,还作为高级雇员搬入公司新建的自动化住宅楼——双子大厦。

"你知道吗? 今天有个新来的要搬进来。"小浩对龙之翼说道。

"呵呵,我知道你在打什么主意。老规矩,新来的要捉弄他一下。"龙之翼兴致勃勃地说。

"你们两个又准备开谁的玩笑了？带上我哦!"大堂接待员小谢也来掺和。

"好,我们就这样……这样……那样……"

"你好,我是小哈,来看新房子的。"

"小哈,"大堂接待员小谢查了查记录道,"有了。这是你的 ID 卡。双子大厦房门都是用 ID 卡开的。千万别弄丢了。你的住房间在 19 层,找到后把这个插在门上。因为 10 层以上还没装门牌号。"

"我还要找啊,不会打扰别人吧?"小哈疑惑地问。

"没关系,19 层现在就你一个住客。"

小哈正兴奋地握着 ID 卡等电梯,突然有人拍了一下他的肩膀。

"小哈,恭喜你呀!"

"是小浩啊,你升得比我快,搬来快一年了吧。我住 19 层,你住几层啊?"

"20 层,我给你介绍一下,这位是销售部的龙之翼。"然后对龙之翼说:"这位是公关部的小哈。"

"很高兴认识你。"小哈在和龙之翼握手的同时眼球已经完全被他手上的一本杂志——《×××BOY》吸引。

"啊,这不是现今最畅销的《×××BOY》吗?"小哈兴奋地说道,"能借我看看吗?"

"你看吧。"龙之翼递过《×××BOY》。

"叮……"

"小哈,电梯来了。"小浩边说边把已被《×××BOY》深深吸引的小哈拉进了电梯里。

"小哈,晚上有空一起去喝酒吗?"小浩小声问道。

"嗯。""小哈,今天你请客哦。""嗯……""叮。"

"好啦,到站了,别看了。"小浩一把抢过《×××BOY》,说,"别忘了请客喝酒。"

"啊？我请客喝酒？"小哈一脸迷茫，摸不着头脑。

"你刚才答应的。"小浩说，"这之前就先带我参观一下你的新房吧。"

3个人在19层里转了老半天，总算发现了一间ID卡刷得开的房间。

"就是这间了。"一进房，小哈迫不及待地跑到了阳台上，体验一下在自己的豪华公寓内观景的感觉。

"好了，先别感动了。"小浩催道，"时间不早了，我们去喝酒庆祝吧！"

"这么急干吗？"

"再不走酒馆就客满了。"小浩说着便把《×××BOY》塞给小哈，说，"这本书借你看行了吧，走啦。"

第二天早上，小哈伴着一阵头痛从梦中醒来。昨天晚上喝得太多了，结果还是小浩送他回来的。洗漱一遍后，小哈又里里外外地参观了一下新居，还兴奋地在阳台上大吼了几声。约10点钟，小哈在门上插上门牌，离开了。

下午两点钟，小哈带着一大堆行李回到了双子大厦。

"呀，怎么我的门牌不见了！是谁搞的恶作剧？ID卡也不管用了。这是怎么回事？这确实是我的ID卡，我还做了记号。难道我搞错房间了？"

小哈连忙在19层的其他房间门上试ID卡，但是整个19层的房门刷遍了，都没能找到自己的房间。

抱着行李满头是汗的小哈嚷着："谁偷了我的房间……"

参考答案

住在18层的小哈被骗说是住在19层，小哈被带到18层房间后就去喝酒。小哈回房间，由于ID卡是18层的，所以打不开19层的房间。

想转动的话,得听从脖子的

谁是头?

"在公司中我是头。"公司经理自豪地说。

"这我相信,但在家里呢?"他的朋友问。

"我当然也是头。"

"那你的夫人呢?"

"她是脖子。"

"那为什么呢?"

"因为头想转动的话,得听从脖子的。"

瞧这解释的。

别解诡辩:这里的"头"字,被公司经理前后赋予两个含义:前一个"头"是指公司的最高领导,而后一个"头"则是指人的脑袋。公司经理巧用词语别解诡辩术,巧妙地解释了自己在公司和家里的不同地位,真是令人忍俊不禁。

此地野外经常有狐狸出没

曾经有个纨绔子弟游荡到乡下,发现一个村子非常落后,不像城里那样有那么多可供他肆意作乐的地方。

他问村里一位长者:"这地方太偏僻了,没有酒馆,也没有妓女,对吗?"

村里人说,"是的,此地野外经常有狐狸出没。"

讽刺的诡辩：由此可见，运用言过其实诡辩术可以尖刻地讽刺不良的人品和险恶的居心。双方谈话，不能答非所问，这是社交的基本要求。

但是，在一些场合，对方所问的话本身带有不良用意，如果按问话的要求做肯定或否定的回答，会使自己陷于被动或受到嘲弄。

在这种情况下，最好的方式是超出问话本身已经局限的范围，做出言过其实的回答。这就是言过其实诡辩术。

思维小故事

冰雪疑凶

1月，正是苏格兰冰天雪地的冬天。许多游客专程到这里欣赏大雪纷飞的景色，并且到滑雪场尽情运动。福尔摩斯和华生也离开了潮湿多雾的伦敦，来到滑雪场附近的朋友家里。他们白天滑雪，晚上看书，准备在这里度过一个惬意的冬天。

这天晚饭后，福尔摩斯和华生到屋外散步。外面一片白雪皑皑，长筒鹿皮靴子踩在积雪上，发出沙沙的声响，四周一片寂静，简直就像童话世界。当他们转过一片小树丛的时候，忽然从树丛后面跳出一个身穿黑色大衣的男子。他全身上下湿漉漉的，在寒风中冻得瑟瑟发抖。看到福尔摩斯和华生，他立刻大叫起来："来人哪，有人落水了，快来帮忙救人啊！"

"怎么回事？"热心的华生连忙跑过去问他，"谁落水了？在哪里？"

那个男人抓住华生的手说："我和我的朋友出来散步，我们从结冰的湖面上走过来，一块薄冰忽然裂开，我的朋友掉了下去。天啊！我没有拉住他，随后我跳下水去，也没有找到他，只好跑来找人帮忙，我们快去救

他吧！"

人命关天！福尔摩斯和华生二话不说，立刻和那个男人一起向湖边跑去。他们穿过树丛，越过一道土丘，在冰面上艰难跋涉。看到那个男人的黑色大衣都快结冰了，福尔摩斯连忙把自己的大衣脱下来给他穿上。

半个时以后，他们终于到达了发生事故的地方。由于大雪不止，破裂的冰层上已经结了一层薄冰。经过这么长时间，看来失足落水的人已经没有生还的希望了。"约翰，我的朋友，我来晚了！"那个男人扑倒在地，伤心地大哭起来。

福尔摩斯拉住他说："省省吧，你这出戏倒是演得不错，可惜碰上了我们。你虽然精心策划，但还是留下了破绽。"

华生有些不解地问道:"现在死者还没有被打捞上来,冰层破裂的地方也完全是自然形成的,不像人工切割的样子,你怎么判断他的朋友是被害死的呢?"

福尔摩斯微笑着说:"不错,冰层的确是自然破裂的,但这并不能说明他的朋友是失足掉下去的。根据我的判断,很可能是被他杀害以后,扔到湖里去的!"

你知道大侦探福尔摩斯为什么能识破杀人犯的诡计吗?杀人犯在哪里露出了破绽?

参考答案

男人身上湿漉漉的,而事发地距他出现的地方有半个时路程,他全身应冻得结冰才对,他的朋友是他杀害后再推下冰湖的。

你不就想听到这个回答吗

有一所高中校园内,高中分科后,个别理科生瞧不起文科生。

一天,几个理科生不怀好意地问一位文科生:"你能描述一下什么叫万有引力吗?"

"不知道!你不就想听到这个回答吗?"几位恶作剧学生讨得一场没趣。

言过其实诡辩: 有世界就有矛盾,就难免有不善意的提问,运用言过其实诡辩术做出矫枉过正的回答,就是对这类人的极好回击。在许多场合,运用言过其实诡辩术,还能表达一种不屑一顾的态度。

不是女子的只能是男人

看看下面的甲和乙对男与女的谈论。

甲："事实上,中国传统上不是重男轻女,而是重女轻男。"

乙："不对,我国向来重男轻女,你这样说有何根据?"

甲："中国的文字就是一个根据。什么叫'好'?'好'就是'女'、'子',而不是女子的就'孬',不是女子的只能是男人。所以,中国人历来认为男子不好,女子好,这不是重女轻男吗?"

字词拆合诡辩:将汉字拆合发挥讲解,本是一种文字游戏,完全可以不顾真正的结构和实际情况。

汉字是一种表意文字,汉字中的合体字如会意字、形声字大都可以分成独立的几个组成部分,各部分有时也可以表示一定的意义。

字词拆合诡辩术,就是诡辩者通过对汉字的结构进行随意拆合来达到自己论辩目的的一种诡辩技巧。

你贵有天下

古代,某皇帝微服出游,见有个测字先生正在给一个人测字,那个人写了个"帛"字。

测字先生说:"你家有丧事,因为白巾就是戴孝。"

皇帝亦写同样的字。

测字先生见来者不凡,便说:"帛字是皇字的头,帝字的脚,你贵有天下!"

这解释多么巧妙！

测字诡辩：同一个字却有了两种相反的解释，这充分显示他的诡辩天才。利用汉字的结构特点，将字的组成部分拆开或合拢，以测字攻心，是古代军事家常用的计谋。据说，明崇祯十七年（1644），李自成攻打北京，明朝江山危在旦夕。信奉天命的崇祯皇帝测字问卦，得一"酒"字，问测字先生，解云："'酉'乃居'尊'字之中，上无头下无足，至尊者将无头无足矣。"

崇祯听罢，魂飞魄散，第二天便缢死煤山。那位测字先生，据说便是李闯王的军师宋献策。

个个草包

乾隆年间的大臣和珅，想请同朝为官的文学家纪晓岚为自己题字。他在花园里修了一座亭台，四面栽上竹子，清风拂面，幽静非常。

一天，他以此为由，恳请纪晓岚为之题字。纪晓岚参观了他的亭台过后，提笔写了两个字——竹苞。和珅非常高兴，马上叫工匠凿成匾额，悬于亭梁之上。

有一天，乾隆皇帝驾临和珅花园，看到"竹苞"题额，又联想起纪晓岚平日诙谐讽人之状，不禁大笑起来，道："这个纪晓岚真会嘲弄人。"

就回头对和珅说："他在骂你呢，哪里是什么'竹苞'，拆开来就是'个个草包'的意思。"

听乾隆一说，和珅窘极了，说不出一句话来了。

令人折服的诡辩：文字拆合诡辩术在论辩中具有"攻心"、"嘲弄"等作用。看来，纪晓岚作为智者在这方面的匠心，确实令人钦佩。

诡辩思维的陷阱

臣为君纲，子为父纲，妻为夫纲

同学们，读过三纲五常吗？看看这个女生的解释。

一次智力竞赛抢答会上，主持人问："'三纲五常'中的'三纲'是什么？"

一个女学生抢答道："臣为君纲，子为父纲，妻为夫纲。"

她恰好把三者说颠倒了，引起了哄堂大笑。

这位女学生意识到这一点之后，立刻补充道："笑什么，我说的是'新三纲'。"

她说："现在，我国人民当家做主，人民才是国家的主人，而领导者不管官多大，都是人民的公仆，这岂不是'臣为君纲'吗？当前，计划生育，一对夫妻只生一个孩子，这孩子成了父母的小皇帝，这岂不是'子为父纲'吗？现在，许多家庭中，妻子权力远远超过了丈夫，'妻管严'、'模范丈夫'比比皆是，岂不是'妻为夫纲'吗？"

大家都为这位女学生的辩才热烈鼓掌。

惊人的诡辩：这个女学生可能由于紧张，把"三纲"答颠倒了，而她运用巧释词义诡辩术，对她的"三纲"做了巧妙解释，赋予新的含义，不但摆脱了窘境，而且赢得了听众的掌声。

自然语言是含混的，同样，自然语言中的词也是含混的，这种含混性主要表现在词的多义性方面。同样一个词往往可以表示出不同的含义。词的这种多义性为我们在论辩中根据不同的场合、不同的对象、不同的需要，选择恰当的词义提供了有利的条件。

巧释词义诡辩术正是巧妙地赋予某个或某些词语以特定意义来制服论敌，取得论辩胜利的一种诡辩方法。在论辩中偶尔出现语言失误时，巧释词义诡辩术可以帮助我们摆脱困境、渡过难关。

思维小故事

找不到的凶器

一个漆黑的夜晚，警士木村正骑着自行车沿着河边的路巡逻。突然，从下游大约 100 米处的桥上传来一声枪响。木村马上蹬车朝桥上飞奔而去。他一上桥便见桥当中躺着一个女人，旁边还有一个男的，那个男的见

有人来拔腿便逃。与此同时,木村听到"扑通"一声,像是什么东西掉进了河里。

木村骑车追上去,用车撞倒那个男的,给他戴上了手铐,又折回来到躺在桥上的女人身旁。

她左胸中了一枪,已经死了。

"这个女的是谁?"

"不知道,我一上桥就见一个女的躺在那儿,吓了我一跳,一定是凶手从河对岸开的枪。"

"撒谎!她是在近距离内被打中的,左胸部还有火药黑色的焦煳痕迹,这就是证据。枪响时只有你在桥上,你就是凶手。"

"哼,你要是怀疑我,就搜身好了,看我带没带枪。"

那男的争辩着。木村搜了他的身,未发现手枪,桥上及尸体旁也未发现手枪。这是座吊桥,长30米,宽5米,案犯在短时间内是无法将凶器藏到什么地方的。

"那是扔到河里了吗?方才我听到什么东西掉进水里了。""那是我在逃跑时木屐的带子断了没法跑,就将它扔到河里了,不信你瞧!"那男的抬起左脚笑着说。

那男的果真左脚是光着的,只有右脚穿着木屐,是一种四方形的大木屐。无奈,木村只好先将他作为嫌疑犯带进附近的警察驻所,用电话向警署通报了情况。

刑警立即赶来对现场进行了勘察取证,并于翌日清晨,以桥为中心,在河的上游和下游各100米的范围内进行了搜查。

河深1.5米左右,流速也并不很快,所以枪若扔到了河里,流不多远就会沉到河底的。然而,尽管连电动探测器都用上了,将搜查范围的河底也彻底地找了一遍,但始终未发现手枪的踪迹。

同时石蜡测验结果表明,被当作嫌疑犯的男人确实使用过手枪。他的右手沾有火药的微粒，是手枪射击后火药的渣滓变成细小的颗粒粘在手上的。另外，据尸体内取出的弹头推定，凶器是一把双管的小型手枪。

最后经过仔细搜查才发现，手枪已漂流到离桥很远的下游。恰巧那天夜里没有月亮，夜色漆黑，木村自然没看见手枪在河面上漂走的情形。

那么，凶手在桥上射死了女子后，究竟怎样藏起手枪的呢？

参考答案

案犯用结实的纸绳将手枪绑到木屐上扔到河中。这样一来，木屐就代替了浮袋，小型手枪也就不会沉到河底，而是顺水漂向下游。

弯腰，你怎么能看得见我

沙皇一天下令，召见乌克兰革命诗人谢甫琴科。

到了召见的时候，宫殿上的文武百官都向沙皇弯腰鞠躬，只有谢甫琴科一个人凛然站立一旁，冷眼打量着沙皇。

沙皇大怒，问道："你是什么人？"

诗人回答："我是谢甫琴科。"

"我是皇帝，你怎么不鞠躬？举国上下，谁敢见我不低头？"

谢甫琴科沉着地说："不是我要见你，而是你要见我。如果我也像周围这些人一样立在你面前深弯腰，你怎么能看得见我呢？"

巧释诡辩：俄语中"召见"一词，可以表示"应邀前来"的意思，也可以表示"见脸面"的意思。诗人赋之以后者这种特殊意义，表现了他不畏强权、大义凛然的气概。

要想使用巧释词义诡辩术取胜，就必须在论辩的关键时刻，迅速洞悉某些特殊词语可能表达的多种含义，选取其中于我有利的义项，做出出乎论敌意料之外的解释，夺得论辩的主动权。

谢甫琴科巧释词义诡辩术能充分显示一个诡辩家灵巧的应变能力。面对强大的论敌时，通过巧释词义诡辩术可以巧妙地克敌制胜。

你若不被吊死，我们没法成亲戚

一天，英国著名哲学家培根的家里来了一位不速之客叫荷格，这可是一名惯匪。法院要对他起诉，并要判他死刑。他找培根是想请培根救他一命。

他的理由是"荷格（hog，意为猪）和培根（Bacon 意为熏肉）有亲戚关系"。

培根听后大笑："朋友，你若不被吊死，我们是没法成为亲戚的，因为猪要死后才能成为熏肉。"

衍义诡辩：那个惯匪荷格的"攀亲"本来是荒谬的，而培根却利用释语的方法，按照自己的意向——不救他——来进行解词释义，巧妙地表达了自己的态度，既"合情"（按照荷格攀亲的想法）又"合理"（按照培根的态度），十分恰当。

衍名，是对人名、物名、地名等做"探源"、"考证"，或引申、发挥，衍释出一种符合诡辩者需要的意义。衍义诡辩术是指在具体的语言环境中，临时发挥释义的一种诡辩技巧。它能够使言谈话语别开生面地达到警策、风趣、幽默、讽刺，或是某一独特语言取向的效果。释语即借用对某些词释义的形式，临时加以引申、发挥或做某一取向的说明。

长安米贵,居住不易

白居易年轻时,刚来到长安,就去拜见当时颇有名望的诗人顾况。当时白居易尚无诗名,顾况看着白居易的名字,笑着说:"长安米贵,居住不易啊!"顾况是以名衍义,想说作诗不是容易的事。

接着,顾况翻看白居易呈上的书稿,当读到"离离原上草,一岁一枯荣。野火烧不尽,春风吹又生"时,不禁感叹道:"有此好诗,在长安居住就容易了嘛!"

看看多会说话!

衍义诡辩:这里,顾况仍是用的以名衍义说明白居易的诗才出众。顾况的衍义诡辩术通过言谈话语别开生面。衍义诡辩术在这种特定的语境,按照一定的主观意向进行解词释义,可以在正常的语境中拓展出一种别开生面的话语取向,取得人们始料不及的语言效果。

思维小故事

深夜追踪

深秋,午夜过后,刑警竹内在空无人迹的住宅区内巡逻。突然,一个男子从胡同里窜了出来,差一点和竹内撞个满怀。幸亏竹内躲闪得快,但那男子带的手提皮包碰到竹内的腰,掉到了地上。

那男子迅速拾起皮包,像兔子一样跑掉了。因为天黑,竹内没看清那男子面孔,只记得是个戴着墨镜、留着大胡子的家伙。竹内刑警觉得可疑,想追上去询问,但那家伙跑得很快,一会儿就钻进 150 米以外的一幢楼房里去了。

紧接着,胡同里传来了慌乱的脚步声,又有一个男子跑了出来,见竹内后忙气喘吁吁地问道:"刚才那家伙,往哪儿跑了?"

"那边儿。"竹内刑警指给他。

"喂,你稍等一下,我是警察,到底发生了什么事?"说着,竹内出示警察证件给他看。

"遇上警察可太好了,请马上给我抓住那个人。那家伙是抢劫出租车的强盗。他打了我的头部,抢走了我的现金逃跑了。"说着出租车司机痛苦地用手捂着头后部。

于是,竹内和出租车司机一起朝案犯钻进去的那幢楼房奔去。

那幢楼房一楼是仓库,紧闭着卷帘门窗,楼两侧有楼梯,上了二楼并排有两个房间。案犯一定躲藏在其中的一个房间里。

竹内和出租车司机看了看,第一个门牌上写着"山本正夫"。为慎重起见,竹内刑警在敲门之前向司机问道:"你见到案犯的脸,能一下子就认出来吗?"

"不太有把握。他戴着墨镜,留着胡子,但他肯定有一个手提皮包,其他的就记不得了。没想到他会是强盗,上车时我没注意到……"

敲门后好一会儿门才开。一个年轻人露出头来。司机认真地看着那年轻人的脸。"下巴上没有胡子,好像不是这个人。"司机毫无信心地摇了摇头。

竹内出示了警察证件后,问道:"你是山本吧。今天晚上一直待在家里吗?"

"是的,3个小时前我就开始听立体声唱机了。"

"可是,一点儿声音也没听见啊!"

"我是戴着耳机听的。到底有什么事?"山本不耐烦地反问道。

"刚才有个抢劫犯逃进这座楼房,我们正在追捕他。"

"难道你认为我是那个强盗吗? 这种想法真愚蠢!"

"并没有断定就是你。但为慎重起见,请让我们看看你的房间。"竹内刑警不容分说便进了房间。这是个一室一厅的房子。在8个铺席搭的房里摆着一套音响,插着耳机。竹内把耳机拿起听了听,耳机里正响着雄壮的交响曲,震得耳朵都疼。

"啊,就是这个手提皮包。"司机一眼看见了放在房间角落里的手提皮包,上去就打开了皮包查看。里面塞满了脏衣服、易拉罐啤酒、方便面和书籍等。

"那是昨天我的一个朋友忘在这儿的。拿一罐喝吧。"山本说着便取出一罐啤酒拉开盖,啤酒沫一下子喷得他满脸都是,他不由得怪叫了一

诡辩思维的陷阱

声，赶紧掏出手帕擦脸。司机笑着看着他，又发现立体音响上放着墨镜。

"你把这个戴上给我看看。"竹内拿起墨镜让山本戴上，司机在一旁认真地看着他。

"倒是很像，但他没有大胡子，还是不能肯定呀！"他很遗憾地嘟哝着。

"你们可不要随便怀疑人呀，我从3个小时前就一直在听贝多芬的曲子。"山本生气地摘下墨镜，"要是你们怀疑我，倒不如去查查住隔壁房间的那个人，那家伙更可疑。那个叫菊地的穷画家。"

竹内和司机于是离开，去了隔壁。敲门后等了一阵子门才开。一个穿着睡衣的男子睡眼惺忪地出来开了门。"哎，这个也没留胡子呀，真怪。"司机看着伸出来的那张脸，很失望。

"到底有什么事？深更半夜的……"菊地没好气地说。

竹内给他看过警察证件后，问道："你是几点睡的觉？"

"现在几点钟了？"

"凌晨1点多。"

"那就是4小时之前，究竟有什么事？"

"我们在找抢劫出租车的强盗，请让我们进房间里看看。"

"别开玩笑了，人家睡得好好的被你们吵醒，要找什么劫出租车的强盗，你们有搜查证吗？"

"要是这样，没办法，请和我们到警察署走一趟吧。"竹内故弄玄虚地这么一说。

"那就随你们的便吧。"菊地很不情愿地把他俩让进屋里。

这也是一室一厅的房子。房子里到处是画架、画布，连个下脚的地方也没有。司机见在床下有个手提皮包，打开看了看，里面全是画具和几罐橘汁。

竹内还拉开壁橱的门查看过，没人藏着。菊地冷淡地瞧着他们在屋子里搜查。

"多亏了你们,我连一点儿睡意也没了。"他说着,还打开一罐橘汁喝了起来。

竹内发现在厨房餐桌的盘子里剩有两片苹果,已经去了皮,核儿也已取掉,但苹果却没变色。

"这苹果是什么时候吃过的?"竹内问道。

"睡前。"

"那样的话,苹果不是会变色吗? 实际上你一定是刚刚逃回来,为了掩饰,才赶紧削了个苹果的吧?"

"你们如此怀疑我,索性亲口尝尝。"菊地怄气地说。

为慎重起见,竹内拿起一片尝了尝,味道不错,是咸的。

"走,我知道谁是抢劫犯了。"竹内刑警说得如此果断,倒让司机吃了一惊。

那么,抢劫出租车的强盗是山本,还是菊地呢? 有什么证据呢?

参考答案

是山本,如果山本说的是真话,啤酒一直静静地放在手提包里,打开时,不会喷出很多泡沫,只有经过激烈震荡才会有很多泡沫。

其妹名冰

20 世纪 50 年代,广东漫画家廖冰兄的漫画《猫国春秋》在重庆展出。有人请他和郭沫若等人吃饭。席间,郭沫若问廖冰兄:"你的名字为什么那么古怪,自称为兄呢?"

画家王琦代为解释:"其妹名冰,故用此名。"

郭沫若听后微笑道:"啊!这样我明白了,郁达夫的妻子一定名郁达,邵力子的父亲一定叫邵力。"

几句话逗的大家哈哈大笑。

幽默诡辩:郭沫若在这里运用了衍义诡辩术,使交谈气氛在幽默中越发融洽,可以在一定程度上摆脱语言困境。

在语言的交往中,有时会因为己方考虑不周或对方说出的话语令己方非常意外而出现语言困境。在这种情况下,就可以发挥衍义诡辩术对言谈话语能做多种解释的特点,将陷入困境的话语引向对己有利的一面,或是对双方都没有妨碍的一面,形成一种短时过渡,给自己以一定的思考机会,以使论辩继续进行下去。

现在我已经不是孩子了

高尔基曾经说过,夸大好的东西,使它显得更好;夸大有害于人类的东西,使人望而生厌。

有一次,马克·吐温乘火车去首都一所大学讲课。由于要在预定的时间内赶到,所以他十分着急,而火车却开得很慢。

这时,查票员过来了,问马克·吐温:"您有票吗?"

马克·吐温递给他一张票,查票员发现这是一张儿童票,就说:"真有意思,我看不出您还是一个孩子哩!"马克·吐温不紧不慢地说:"现在我已经不是孩子了,但我买票时还是孩子。您要知道,火车开得太慢了啊!"

夸张诡辩:马克·吐温用夸张诡辩术非常幽默地表达了此时急迫而又无奈的心情,且对火车的慢速度进行了委婉而辛辣的嘲讽。

夸张诡辩术最主要的特点是：从表面上看言过其实，从本质上看，又有根有据，合情入理。

夸张诡辩术，就是有意用超过客观事实和实际可能的说法来强调或突出某种思想或感情的一种诡辩技巧。

突出强调事物的本质特征，给人以鲜明的印象，引起交谈者的共鸣。人们在语言交际中，为了增强表达效果常常根据一定的目的，在客观现实的基础上，夸大或缩小事物的形象、特征、程度、数量和作用等，这就是夸张诡辩术。

我的脸皮厚，但胡子还是长出来了

妻子和丈夫吵架，妻子骂道："我从来没有见过世上有像你的脸皮这样厚的。"

而丈夫却嘿嘿一笑说："不，你错了，我的脸皮厚，但胡子还是长出来了，而你的脸皮厚得居然连世界上最尖锐的胡子都长不出来。"

夸张诡辩：夸张既然是在某些方面言过其实而又有真实性作为基础，这就有利于突出事物的独特性，或者突出事物某一方面的情况。因为被夸张的部分都是事物的关键所在，这样就会给交谈者以深刻的印象，可以唤起人们的想象，收到突出个性形象的效果。由于各个方面的限制，人们对事物的主要特征不容易很快把握准，而用夸张的手法突出其主要特征后，人们就会对主要特征产生深刻认识，从而引起丰富的联想。

思维小故事

被害者手中的金发

一天早晨,在一所高级公寓内,发现了时装模特儿苏珊的尸体。她的脖子被勒着,倒在卧室的床边。发现尸体的正巧是矶川侦探。他是来调查另一个案子时路过此地的,见门没锁,觉得奇怪,便走进屋子想看个究竟。死亡时间推定是昨晚9时至10时之间。

哎,这右手……

矶川侦探发现被害人右手握得紧紧的,将其掰开一看,见手指上缠着

几根头发——是烫过的头发。

正在这时,打工的女佣来了。

"这是凶手的头发,一定是被害人在被勒住脖子的时候,拼命挣扎从凶手的头上拽下来的。看来是怀恨苏珊小姐的人干的。在苏珊小姐认识的人中,有没有烫发的人?"

"要说烫发的人,那就是给设计师当助手的马休。是住这个公寓9楼的一个年轻人,曾向苏珊小姐求婚遭拒绝,一定是怀恨在心而杀了她。"

听了女佣的回答,矶川侦探向警察报了警之后,来到9楼马休的房间。

出来开门的马休的确是个卷着金发的美男子,看上去刚刚理过发。矶川侦探将苏珊被杀的事情告诉了他,并询问他昨晚9时至10时在哪里。

"我在自己的房间里看录像。因为单身生活,所以没人给我作证。不过我说的是实话,请相信我。"马休回答说。

"你是什么时候理的发?"

"昨天中午,可这与案件有什么关系?"

"被害人死时,手里攥着凶手的几根金发。为慎重起见,要和你的头发比较一下,能拔一根给我吗?"

"好,可以。拔几根都行,你们检查吧。"

马休忍痛拔了两三根头发。

矶川侦探从口袋里掏出放大镜,比较着马休和从被害人手里拿来的金发。

"嗯……完全是同一人的头发! 不过请你放心,你不是凶手。"

听了矶川侦探十分肯定的话,马休才放下心来。

"那么,为什么苏珊小姐会攥着我的头发?"他感到很纳闷。

"请问,最近有没有憎恨苏珊小姐的人到你这里来过?"

"不，最近没人来……"马休刚说了一半，"啊，差点儿忘了，女佣来过。每周一和周五女佣来给我打扫房间和洗衣服。昨天早晨还来给我搞过卫生呢。"

"那个女佣是不是也去苏珊小姐那里打工？"

"是的。哦，对了！那个女佣每次搞完卫生回去后，我都发现我的咖啡和威士忌什么的要少一些。"

"原来如此。谜团解开了，凶手就是女佣。大概因苏珊小姐当场发现了她盗窃才被她杀害的，她还想嫁祸于你。"

矶川侦探很快就破了案。

那么，矶川侦探是怎么凭头发判定马休不是凶手的呢？

参考答案

马休的头发发梢被剪得很齐，而被害人手里的头发发梢是圆的。那是女佣为了嫁祸，偷了马休的头发放在被害人的手里。